Peter Tittmann
Graphentheorie

W0105585

Mathematik - Studienhilfen

Herausgegeben von
Prof. Dr. Bernd Engelmann
Hochschule für Technik, Wirtschaft und Kultur Leipzig,
Fachbereich Informatik, Mathematik und Naturwissenschaften

Zu dieser Buchreihe

Die Reihe Mathematik-Studienhilfen richtet sich vor allem an Studenten technischer und wirtschaftswissenschaftlicher Fachrichtungen an Fachhochschulen und Universitäten.

Die mathematische Theorie und die daraus resultierenden Methoden werden korrekt aber knapp dargestellt. Breiten Raum nehmen ausführlich durchgerechnete Beispiele ein, welche die Anwendung der Methoden demonstrieren und zur Übung zumindest teilweise selbständig bearbeitet werden sollten.

In der Reihe werden neben mehreren Bänden zu den mathematischen Grundlagen auch verschiedene Einzelgebiete behandelt, die je nach Studienrichtung ausgewählt werden können. Die Bände der Reihe können vorlesungsbegleitend oder zum Selbststudium eingesetzt werden.

Bisher erschienen:

Dobner/Engelmann, *Analysis 1*
Dobner/Engelmann, *Analysis 2*
Gramlich, *Lineare Algebra*
Knorrenschild, *Numerische Mathematik*
Martin, *Finanzmathematik*
Preuß, *Funktionaltransformationen*
Sachs, *Wahrscheinlichkeitsrechnung und Statistik*
Stingl, *Operations Research – Linearoptimierung*
Tittmann, *Graphentheorie*

Graphentheorie

Eine anwendungsorientierte Einführung

von Prof. Dr. rer. nat. Peter Tittmann

mit 113 Bildern, zahlreichen Beispielen und 80 Aufgaben

fv Fachbuchverlag Leipzig
im Carl Hanser Verlag

Autor
Prof. Dr. rer. nat. Peter Tittmann
Hochschule Mittweida
FB Mathematik/Physik/Informatik
http://www.peter.htwm.de/

Bibliografische Information Der Deutschen Bibliothek:
Die Deutsche Bibliothek verzeichnet diese Publikation in der Deutschen
Nationalbibliografie; detaillierte bibliografische Daten sind im Internet
über http://dnb.ddb.de abrufbar.

ISBN 3-446-22343-6

Fachbuchverlag Leipzig im Carl Hanser Verlag
© 2003 Carl Hanser Verlag München Wien
http://www.fachbuch-leipzig.hanser.de
Lektorat: Christine Fritzsch
Herstellung: Renate Roßbach
Satz: Peter Tittmann, Mittweida
Druck und Binden: Druckhaus „Thomas Müntzer" GmbH, Bad Langensalza

Printed in Germany

Vorwort

Mit der Entwicklung und dem massenhaften Einsatz des Computers hat die Mathematik einen tiefgreifenden Wandel erfahren. Diese Veränderungen zeichnen sich durch eine stärkere Betonung diskreter und algebraischer Methoden der Mathematik aus. Gleichzeitig erfordern moderne technische Entwicklungen wie Computer- und Kommunikationsnetze, Mobilfunksysteme, automatische Systeme im Logistikbereich und in der Gentechnologie zunehmend Methoden aus der Diskreten Mathematik. Dazu zählen insbesondere Graphentheorie, Kombinatorik, Kombinatorische Optimierung, Kodierungstheorie, Algorithmenanalyse und Computeralgebra.

Dieses Buch liefert eine Einführung in die Graphentheorie – ein Lehrgebiet, das heute nicht nur in der Mathematikausbildung eine große Rolle spielt. Die vielfältigen Anwendungen der Graphentheorie erlangten auch für Informatiker, Wirtschaftler, Chemiker und Ingenieure eine große Bedeutung. Graphen finden überall dort Anwendung, wo netzartige Strukturen zu analysieren sind. Das können Computernetze, Energieleitungssysteme, elektronische Schaltungen, chemische Verbindungen, wirtschaftliche Verflechtungsbeziehungen, Programmablaufpläne oder soziale Netze sein. Das Gemeinsame an all diesen Erscheinungsformen von Netzen ist die abstrakte Grundstruktur, die mathematisch durch einen Graphen dargestellt werden kann.

Für den Lernenden besitzt die Graphentheorie einen Vorteil gegenüber anderen Lehrgebieten: Für das Verständnis der Graphentheorie sind nur geringe Vorkenntnisse aus anderen Gebieten der Mathematik erforderlich. Im Wesentlichen genügen mathematische Schulkenntnisse. Lediglich im zweiten und neunten Kapitel werden die Grundbegriffe der linearen Algebra vorausgesetzt. Dafür wird aber vom Leser die Bereitschaft zum Mitdenken erwartet.

Um selbst Kenntnisse der Graphentheorie für die Analyse von Netzwerken oder für die Entwicklung von Algorithmen einsetzen zu können, ist das Verstehen der Denkweise der Graphentheorie wichtig. Eine große Zahl von Übungsaufgaben und zahlreiche Abbildungen sollen dem Leser helfen, dieses Verständnis zu erlangen. Zunächst muss jedoch das umfangreiche Vokabular der Graphentheorie erlernt werden. Aus diesem Grunde hat dieses Buch einen etwas stärkeren Lehrbuchcharakter als die anderen Bände dieser Reihe. Ein umfangreiches Sachwortverzeichnis und ein Symbolverzeichnis am Ende des Buches erleichtert das schnelle Wiederfinden der Definitionen.

Die hier vorliegende Einführung in die Graphentheorie entstand aus einer Vorlesungsreihe zur Graphentheorie für Studenten der Angewandten Mathematik und der Computertechnologie an der Hochschule Mittweida.

Die ersten acht Kapitel dieses Buches behandeln die Grundlagen der Theorie ungerichteter Graphen. Nach einer Einführung in den Sprachgebrauch der Graphentheorie im ersten Kapitel sind planare Graphen, Unabhängigkeit, Färbungsprobleme, der Zusammenhang von Graphen sowie Bäume und Kreise weitere Schwerpunkte. Das letzte Kapitel liefert eine kurze Einführung zum Thema gerichtete Graphen.

Für die Aufnahme dieses Textes in die *Mathematik-Studienhilfen* danke ich dem Herausgeber dieser Reihe, Herrn Prof. Dr. Bernd Engelmann. Besonders herzlich möchte ich mich bei Frau Christine Fritzsch vom Carl Hanser Verlag für viele wertvolle Hinweise und Ratschläge zur Gestaltung des Werkes bedanken. Mein Dank gilt auch meinem Kollegen André Pönitz für die Unterstützung im Umgang mit dem Satzsystem LaTeX.

Mittweida, Juli 2003   Peter Tittmann

Inhaltsverzeichnis

1 Graphen

Graphen sind mathematische Modelle für netzartige Strukturen in Natur und Technik. Dazu zählen Straßennetze, Computernetze, elektrische Schaltungen, Programmablaufpläne, Wasser- und Gasleitungsnetze, chemische Moleküle oder wirtschaftliche Verflechtungsbeziehungen. Allen diesen Netzen ist eine Grundeigenschaft gemeinsam. Sie bestehen stets aus zwei verschiedenartigen Mengen von Objekten. Die Objekte der ersten Art sind zum Beispiel Orte im Straßennetz oder Computer. Sie werden durch Objekte der zweiten Art verbunden. Das sind zum Beispiel Straßen oder Übertragungsleitungen. In der Sprache der Graphentheorie werden wir diese Objekte als Knoten und Kanten eines Graphen bezeichnen. Viele Anwendungen der Graphentheorie erfordern eine Untersuchung spezieller Eigenschaften des jeweiligen Netzes. Für die Planung einer Urlaubsreise ist die Bestimmung eines *kürzesten Weges* zwischen zwei Orten eines Straßennetzes ein interessantes Problem. Eine Voraussetzung dafür ist die Kenntnis der Längen (Durchfahrzeiten) der einzelnen Straßen des Netzes. Die Bestimmung der *Zuverlässigkeit eines Kommunikationsnetzes* beantwortet die Frage nach der Wahrscheinlichkeit für die Existenz eines intakten Weges zwischen zwei Punkten des Netzes. Als Ausgangsdaten benötigt man hier neben der Netzstruktur die Ausfallwahrscheinlichkeiten der Knoten (Computer) und Kanten (Übertragungsleitungen). In der Chemie interessiert man sich für die Anzahl der *Isomere* einer Verbindung. Das sind unterschiedliche Molekülstrukturen bei gleicher chemischer Zusammensetzung. Diese Fragestellung lässt sich darstellen als Zählung von Graphen mit bestimmten Eigenschaften.

In der Graphentheorie untersucht man zunächst nur die rein strukturellen Fragen einer Netzstruktur. Ein Graph ist allein durch die Menge seiner Knoten und seiner Kanten sowie durch die Zuordnung der Endknoten einer Kante bestimmt. Damit gehen in diesem abstrakten Modell alle Informationen über die konkrete Art und Beschaffenheit der Knoten und Kanten verloren. Es verbleiben jedoch erstaunlich viele Eigenschaften eines Netzes, die bereits auf dieser Abstraktionsstufe untersucht werden können. Dazu zählen die folgenden Fragen:

- Kann man die Kanten des Graphen so durchlaufen, dass man jeden Knoten (oder jede Kante) genau einmal besucht?
- Wie viele Kanten muss man mindestens durchlaufen, um von einem Knoten zu einem anderen zu gelangen?
- Wie viele Knoten muss man mindestens besetzen, damit alle anderen Knoten des Graphen in der Nachbarschaft eines besetzten Knotens liegen?

- Gibt es zwischen je zwei Knoten einen Weg?
- Wie viele Kanten kann man aus dem Graphen auswählen, sodass keine zwei ausgewählten Kanten einen gemeinsamen Endknoten besitzen?
- Wie viele verschiedene Graphen mit einer gegebenen Knoten- und Kantenanzahl gibt es? Wie viele davon sind strukturell gleich?
- Wie viele Knoten oder Kanten kann man aus einem Graphen entfernen, ohne dass dieser den Zusammenhang (oder andere wichtige Eigenschaften) verliert?
- Kann man einen gegebenen Graphen so in die Ebene zeichnen, dass sich keine zwei Kanten überkreuzen?

Die Beantwortung dieser Fragen liefert die Grundlage für die Lösung kombinatorischer Optimierungsprobleme auf Graphen und für die Konstruktion von Algorithmen zum Entwurf und zur Analyse von Netzstrukturen.

1.1   Definitionen

Wie jedes Gebiet der Wissenschaft hat auch die Graphentheorie ihren eigenen Sprachgebrauch. Wir wollen in diesem Abschnitt die wichtigsten Grundbegriffe bereitstellen.

Ein **ungerichteter Graph** $G = (V, E)$ besteht aus einer **Knotenmenge** V und einer **Kantenmenge** E, wobei jeder **Kante** $e \in E$ von G zwei (nicht notwendig verschiedene) **Knoten** aus V zugeordnet sind.

Die Bezeichnungen V und E für die Knoten- und Kantenmenge eines Graphen kommen von den englischen Wörtern **vertex** (Knoten) und **edge** (Kante). Die Anzahl der Knoten und Kanten eines Graphen werden wir häufig mit n beziehungsweise m bezeichnen. Wir beschreiben eine Kante in der Form $e = \{u, v\}$ wobei u und v die **Endknoten** der Kante e sind. Wenn v ein Endknoten der Kante e ist, so sagen wir auch v ist **inzident** zu e. Ein ungerichteter Graph $G = (V, E)$ heißt **endlich**, wenn die Mengen V und E endlich sind. Wir werden in diesem und den folgenden Kapiteln ausschließlich endliche ungerichtete Graphen betrachten, die wir deshalb auch kurz Graphen nennen. Im Gegensatz dazu gibt es auch gerichtete Graphen, die jedoch erst später eingeführt werden. Gerichtete Graphen enthalten Kanten, die zusätzlich einen Richtungssinn aufweisen. Auf diese Weise können zum Beispiel Straßennetze mit Einbahnstraßen modelliert werden.

Die Zugehörigkeit einer Knotenmenge V und einer Kantenmenge E zu einem Graphen G werden wir auch durch die Schreibweise $V(G)$ bzw. $E(G)$

verdeutlichen. Eine Kante der Form $e = \{v, v\}$, für welche die Endknoten zusammenfallen, heißt eine **Schlinge**. Zwei Kanten $e = \{u, v\}$ und $f = \{u, v\}$ zwischen denselben Endknoten heißen **parallel**. Ein Graph, der weder Schlingen noch parallele Kanten besitzt, heißt ein **schlichter Graph**.

Um einen Graphen graphisch zu veranschaulichen, stellen wir die Knoten als Punkte oder kleine Kreise dar. Eine Kante wird durch eine Strecke oder eine Kurve, die zwei Knoten verbindet, dargestellt. Das Bild 1.1 zeigt einen Graphen mit fünf Knoten und sechs Kanten. Dieser Graph kann auch eindeutig durch die Angabe seiner Knotenmenge, seiner Kantenmenge und der Endknoten jeder Kante beschrieben werden. Wir erhalten

$$G = (\{1, 2, 3, 4, 5\}, \{a, b, c, d, e, f\})$$

mit

$$a = \{1, 2\}, \ b = \{1, 5\}, \ c = \{1, 3\}, \ d = \{1, 3\}, \ e = \{2, 4\}, \ f = \{5, 5\}.$$

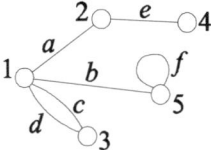

Bild 1.1: Ein ungerichteter Graph

Diese Information lässt sich auch in Form einer Tabelle speichern:

Kante	a	b	c	d	e	f
Endknoten	1	1	1	1	2	5
	2	5	3	3	4	5

1.1.1 Knotengrade

Zwei Knoten $u, v \in V(G)$, die durch eine Kante $e = \{u, v\}$ verbunden sind, heißen **adjazent** (benachbart) in G. Die Menge $\Gamma(v)$ aller zu einem Knoten $v \in V(G)$ adjazenten Knoten nennen wir die **Nachbarschaft** von v. Der **Grad** $\deg v$ eines Knotens $v \in V(G)$ ist die Anzahl der von v ausgehenden Kanten in G (die Anzahl der zu v inzidenten Kanten von G). Schlingen werden hierbei doppelt gezählt. Ein **isolierter Knoten** ist ein Knoten vom Grade null. Ein isolierter Knoten besitzt keine Nachbarknoten. In einem schlichten Graphen gilt $\deg v = |\Gamma(v)|$. Nun können wir bereits einen ersten Satz formulieren.

Satz 1.1
In einem Graphen $G = (V, E)$ mit m Kanten gilt stets

$$\sum_{v \in V} \deg v = 2m.$$

Beweis: Die links stehende Summe zählt die Endknoten aller Kanten des Graphen. Damit wird jede Kante genau zweimal gezählt. $\square$

Da die Summe der Knotengrade in diesem Satz stets eine gerade Zahl liefert, erhalten wir auch die folgende Aussage.

Folgerung 1.1 *Die Anzahl der Knoten eines Graphen mit einem ungeraden Grad ist stets eine gerade Zahl.*

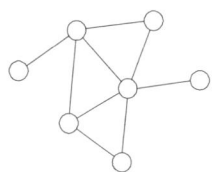

Bild 1.2: Ein Graph mit $\delta(G) = 1$ und $\Delta(G) = 5$

Der **Maximalgrad** $\Delta(G)$ eines Graphen G ist das Maximum der Grade aller Knoten von G:

$$\Delta(G) = \max_{v \in V(G)} \deg v$$

Analog ist der **Minimalgrad** $\delta(G)$ durch

$$\delta(G) = \min_{v \in V(G)} \deg v$$

definiert. Das Bild 1.2 zeigt einen Graphen mit dem Minimalgrad 1 und dem Maximalgrad 5.

1.1.2   Wege und Kreise

Eine **Kantenfolge** ist eine Folge

$$v_1, e_1, v_2, e_2, v_3, \ldots, v_{k-1}, e_{k-1}, v_k$$

von Knoten und Kanten eines Graphen G, sodass die Kante e_i für $i = 1, ..., k - 1$ jeweils die Endknoten v_i und v_{i+1} besitzt. Wir sagen auch, diese Kantenfolge **verbindet** v_1 mit v_k. Die **Länge** der Kantenfolge ist die Anzahl der Kanten dieser Folge. Wir werden formal auch einen einzelnen Knoten als eine Kantenfolge der Länge null betrachten. Eine Kantenfolge in einem Graphen $G = (V, E)$ ist ein **Weg**, wenn jeder Knoten aus V höchstens einmal in dieser Folge auftritt. In einem Weg kann somit auch keine Kante doppelt vorkommen. Gilt $v_1 = v_k$ in der Kantenfolge

$$v_1, e_1, v_2, e_2, v_3, ..., v_{k-1}, e_{k-1}, v_k,$$

so sprechen wir von einer **geschlossenen Kantenfolge**. Kommt, mit Ausnahme von v_k, kein Knoten doppelt in der geschlossenen Kantenfolge vor, so bildet diese Folge einen **Kreis** des Graphen. Wege und Kreise eines Graphen sind eindeutig durch die Menge der Kanten der jeweiligen Kantenfolge bestimmt. Eine Schlinge bildet einen Kreis der Länge 1; ein paralleles Kantenpaar bildet einen Kreis der Länge 2. In einem schlichten Graphen haben alle Kreise eine Länge von mindestens 3. Einen Kreis der Länge 3 nennen wir auch ein **Dreieck**.

1.1.3 Zusammenhang

Ein Graph $H = (W, F)$ ist ein **Untergraph** des Graphen $G = (V, E)$, wenn $W \subseteq V$ und $F \subseteq E$ gilt. Es sei $W \subseteq V(G)$ eine Teilmenge der Knotenmenge des Graphen G. Ein Untergraph $H = (W, F)$ von G, der alle Kanten aus G enthält, die zwei Knoten aus W verbinden, heißt ein von der Teilmenge W **induzierter Untergraph** von G. Ein **aufspannender Untergraph** $H = (V, F)$ eines Graphen $G = (V, E)$ besitzt dieselbe Knotenmenge wie der Ausgangsgraph.

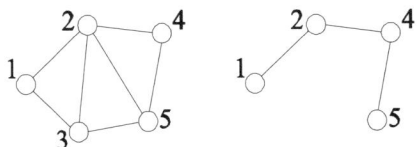

Bild 1.3: Ein Graph und ein Untergraph dieses Graphen

Das Bild 1.3 zeigt einen Graphen und einen darin enthaltenen Untergraphen.

Ein Graph $G = (V, E)$ heißt **zusammenhängend**, wenn zwischen je zwei Knoten u und v seiner Knotenmenge ein Weg existiert. Ein maximaler zusammenhängender Untergraph eines Graphen G heißt eine **Komponente** von G. Das Bild 1.4 zeigt einen nicht zusammenhängenden Graphen mit vier Komponenten. Wenn H ein Untergraph von G ist, so gilt für den Maximalgrad $\Delta(H) \leq \Delta(G)$. Gilt diese Relation auch für den Minimalgrad?

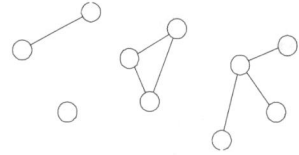

Bild 1.4: Ein nicht zusammenhängender Graph

1.2   Operationen mit Graphen

Für die Beschreibung von Eigenschaften von Graphen und für die Berechnung von Kenngrößen von Graphen sind oft strukturelle Umformungen eines Graphen erforderlich. Wir beschreiben im Folgenden einige wichtige Operationen mit Graphen.

1.2.1   Entfernen von Knoten und Kanten

Es sei $G = (V, E)$ ein Graph. Das **Entfernen einer Kante** $e \in E$ erzeugt aus G einen neuen Graphen $G - e = (V, E \smallsetminus \{e\})$. Wenn $F \in E$ eine Kantenteilmenge des Graphen $G = (V, E)$ ist, so sei $G - F$ der Graph, der aus G durch Entfernen aller Kanten aus F hervorgeht. Man überzeugt sich leicht, dass die Reihenfolge des Entfernens der Kanten aus F hierbei keine Rolle spielt.

Für einen Knoten $v \in V$ definieren wir $G - v$ als den Graphen, der aus G durch **Entfernen des Knotens** v hervorgeht. Das Entfernen eines Knotens v schließt hierbei das gleichzeitige Entfernen aller zu v inzidenten Kanten des Graphen ein. Auch diese Operation verallgemeinern wir für eine beliebige Knotenteilmenge $X \subseteq V$. Der Graph $G - X$ ist dann der Graph, der durch Entfernen aller Knoten aus X aus dem Graphen G hervorgeht.

1.2.2   Fusion und Kontraktion

Die **Fusion** (das **Verschmelzen**) von zwei Knoten u und v eines Graphen $G = (V, E)$ ist das Identifizieren dieser beiden Knoten in einem Knoten, der zu allen Kanten inzident ist, die vorher einen dieser beiden Knoten als Endknoten hatten. Wir bezeichnen den entstehenden Graphen mit G_{uv}. Auch

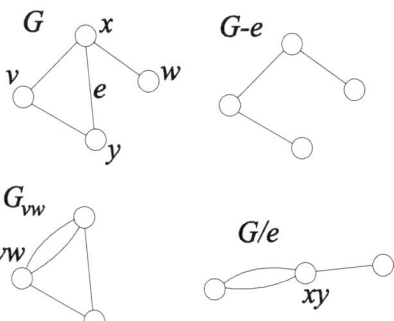

Bild 1.5: Knoten- und Kantenoperationen mit Graphen

für diese Operation lassen wir eine Verallgemeinerung auf eine beliebige Teilmenge $X \subseteq V$ zu, durch deren Fusion dann der Graph G_X entsteht.

Die **Kontraktion** einer Kante $e = \{u, v\}$ eines Graphen G ist das Entfernen von e mit der anschließenden Fusion der Endknoten u und v. Wir bezeichnen den durch Kontraktion von e aus G hervorgehenden Graphen mit G/e. Das Bild 1.5 zeigt die hier vorgestellten Operationen an einem Beispielgraphen.

Ein Graph H, der aus einem Graphen G durch ausschließliche Anwendung der drei Operationen Entfernen einer Kante, Kontraktion einer Kante und Entfernen eines isolierten Knotens hervorgeht, heißt ein **Minor** von G.

Es sei $e = \{u, v\}$ eine Kante des Graphen $G = (V, E)$ und $s, t \in V$. Wenn in G ein Weg von s nach t existiert, so existiert auch in G/e ein Weg von s nach t. Um dies einzusehen, betrachten wir zwei Fälle:

- Die Kante e liegt auf dem st-Weg. Es sei

$$s, ..., e_j, u, e, v, e_k, ..., t$$

dieser Weg. Durch Kontraktion der Kante e fallen die beiden Endknoten u und v zusammen, wobei der neue Knoten uv entsteht. Dieser ist zu e_j und e_k inzident, sodass der Weg in den kürzeren Weg

$$s, ..., e_j, uv, e_k, ..., t$$

übergeht. Wenn s und t mit u und v übereinstimmen und somit die Endknoten der Kante e sind, so besitzt der entstehende Weg die Länge null.

- Liegt die Kante e nicht auf dem Weg von s nach t, so bleibt dieser Weg unverändert auch in G/e erhalten.

Da die Anzahl der Knoten durch Kontraktionen nur abnehmen kann, erhalten wir die folgende Aussage.

Satz 1.2
Ein Graph G ist genau dann zusammenhängend, wenn G durch eine Folge von Kontraktionen in einen Graphen mit genau einem Knoten übergeht.

1.2.3   Brücken und Artikulationen

Es sei $c(G)$ die Anzahl der Komponenten eines Graphen G. Eine Kante $e \in E$ eines Graphen $G = (V, E)$ mit der Eigenschaft $c(G - e) > c(G)$ heißt eine **Brücke** von G. Ein Knoten $v \in V$ mit der Eigenschaft $c(G - v) > c(G)$ heißt eine **Artikulation** von G. In einem zusammenhängendem Graphen G sind Brücken und Artikulationen genau solche Kanten und Knoten, deren Entfernen aus G den Zusammenhang zerstört.

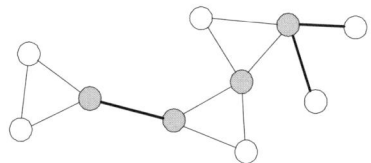

Bild 1.6: Brücken und Artikulationen

Bild 1.6 zeigt einen Beispielgraphen mit drei Brücken und vier Artikulationen. Alle Brücken in diesem Graphen werden durch stärkere Kanten repräsentiert. Die Artikulationen sind die grau dargestellten Knoten.

1.2.4   Operationen mit Graphen

Das **Komplement** oder der **Komplementärgraph** $\bar{G} = (V, \bar{E})$ eines schlichten Graphen $G = (V, E)$ besitzt dieselbe Knotenmenge V wie der Ausgangsgraph. Jedoch sind in $\bar{G}$ genau dann zwei Knoten adjazent, wenn sie in G nicht adjazent sind. Das Bild 1.7 zeigt einen Graphen G und sein Komplement $\bar{G}$.

Die **Vereinigung** von zwei Graphen $G = (V, E)$ und $H = (W, F)$ ist der Graph mit der Knotenmenge $V \cup W$ und der Kantenmenge $E \cup F$. Wir bezeichnen diesen Graphen mit dem üblichen Vereinigungssymbol $G \cup H = (V \cup W, E \cup F)$. Wenn die Knotenmengen der beiden Graphen G und H übereinstimmen, so entsteht der Graph $(V, E \cup F)$ als Vereinigung.

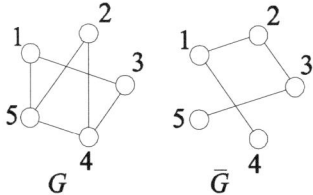

Bild 1.7: Komplement eines Graphen

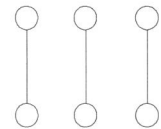

Bild 1.8: Disjunkte Vereinigung von Graphen

Manchmal möchten wir jedoch einen Graphen „mit sich selbst" vereinigen. Das verstehen wir so, dass zunächst eine **disjunkte Kopie** des Graphen geschaffen wird, die dann in die Vereinigung eingeht. Wir schreiben in diesem Falle $G \uplus G$, um die **disjunkte** Vereinigung hervorzuheben. Wenn $G = (\{1, 2\}, \{\{1, 2\}\})$ ein Graph mit zwei Knoten und einer Kante ist, so ist der Graph $3G = G \uplus G \uplus G$ der in Bild 1.8 dargestellte Graph.

Das **Produkt** $G \times H$ der Graphen $G = (V, E)$ und $H = (W, F)$ ist ein Graph mit der Knotenmenge $V \times W = \{(v, w) : v \in V, w \in W\}$. Zwei Knoten (v_1, w_1) und (v_2, w_2) von $G \times H$ sind genau dann adjazent, wenn $v_1 = v_2$ gilt und w_1 und w_2 in H adjazent sind oder wenn $w_1 = w_2$ gilt und v_1 und v_2 in G adjazent sind. Bild 1.9 zeigt ein Beispiel für die Produktbildung von Graphen.

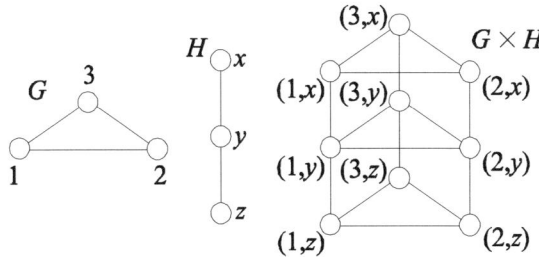

Bild 1.9: Das Produkt von Graphen

1.3   Spezielle Graphen

Einige Graphen treten in verschiedenen Anwendungen und Beispielen immer wieder auf. Diese Graphen wollen wir in diesem Abschnitt beschreiben.

1.3.1   Der vollständige Graph

Ein **vollständiger Graph** K_n mit n Knoten besitzt zwischen je zwei seiner Knoten genau eine Kante.

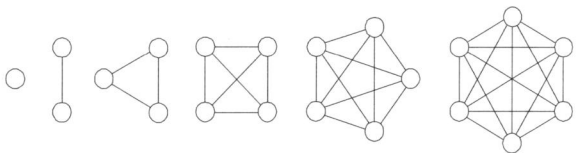

Bild 1.10: Vollständige Graphen

Das Bild 1.10 zeigt vollständige Graphen mit bis zu sechs Knoten. Wie viele Kanten besitzt ein vollständiger Graph mit n Knoten? Die Antwort liefert Satz 1.1. Jeder Knoten besitzt den Grad $n - 1$, da alle anderen Knoten als Nachbarn auftreten. Damit gilt

$$\sum_{v \in V} \deg v = \sum_{v \in V} (n - 1) = n(n - 1) = 2m$$

und folglich

$$m = \frac{n(n - 1)}{2} = \binom{n}{2}.$$

Eine andere Überlegung führt ebenfalls zum Ziel. Der Binomialkoeffizient $\binom{n}{2}$ zählt die Anzahl der Auswahlen von 2 aus n Elementen. Jede Kante ist aber eindeutig durch die Wahl ihrer Endknoten bestimmt. Folglich besitzt der vollständige Graph mit n Knoten genau $\binom{n}{2}$ Kanten.

Das Komplement $\bar{K}_n$ des vollständigen Graphen mit n Knoten ist der **kantenlose Graph**. Er besteht aus n isolierten Knoten vom Grade null. Der kantenlose Graph $\bar{K}_n$ ist für $n > 1$ nicht zusammenhängend; er besitzt n Komponenten.

1.3.2 Weg und Kreis

Der **Weg** P_n besitzt die Knotenmenge $\{1, \ldots, n\}$ und die Kantenmenge

$$\{\{1,2\}, \{2,3\}, \ldots, \{n-1,n\}\}.$$

Das Bild 1.11 zeigt den Weg P_5. Die Bezeichnung P_n für einen Weg stammt

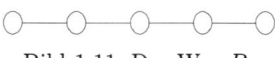

Bild 1.11: Der Weg P_5

vom englischen Wort **path**. Wenn wir den ersten und letzten Knoten des Weges P_n durch eine zusätzliche Kante verbinden, so erhalten wir den **Kreis** (**cycle**) C_n. Das Bild 1.12 zeigt den Kreis C_6.

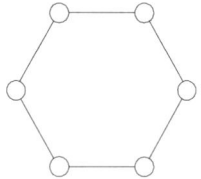

Bild 1.12: Der Kreis C_6

1.3.3 Bäume

Ein **Baum** ist ein zusammenhängender Graph, der keinen Kreis besitzt. Für einen Baum mit n Knoten verwenden wir die Bezeichnung T_n (von **tree**). Im Gegensatz zu den bisher vorgestellten speziellen Graphen können Bäume auch bei übereinstimmender Knotenanzahl sehr unterschiedliche Struktur aufweisen. Das Bild 1.13 zeigt einige Bäume mit sechs Knoten. In einem Baum ist jede Kante eine Brücke. Andernfalls würde die Existenz eines Kreises folgen.

> **Satz 1.3**
> Ein Baum mit n Knoten besitzt genau $n-1$ Kanten.

Beweis: Wir führen den Beweis durch vollständige Induktion nach der Anzahl der Knoten des Baumes. Für Bäume mit 1 oder zwei Knoten ist der Satz wahr. In beiden Fällen existiert genau ein Baum ohne Kanten bzw. mit genau einer Kante. Wir nehmen nun an, dass der Satz für alle Bäume mit höchstens n

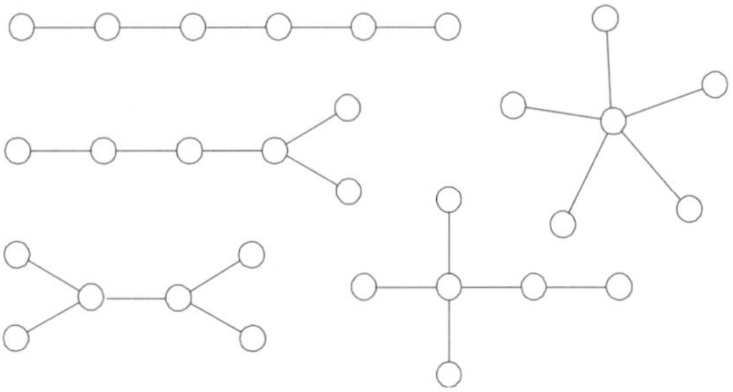

Bild 1.13: Bäume mit sechs Knoten

Knoten wahr ist. Es sei T_{n+1} ein Baum mit $n + 1$ Knoten und e eine Kante dieses Baumes. Da e auch eine Brücke ist, besteht der Graph $T_{n-1} - e$ aus zwei Komponenten G und H, die wiederum Bäume sind. Die Anzahl der Knoten von G und H sei g und h. Dann gilt

$$g + h = n + 1.$$

Außerdem hat G nach Induktionsannahme genau $g - 1$ Kanten und H genau $h - 1$ Kanten. Die beiden Komponenten zusammen besitzen folglich

$$g + h - 2 = n - 1$$

Kanten, die gleichzeitig auch Kanten des Baumes T_{n+1} sind. Mit der Kante e hat folglich T_{n+1} genau n Kanten. Damit gilt die Aussage auch für T_{n+1} und somit für alle Bäume. $\square$

1.3.4   Bipartite Graphen

Ein **bipartiter Graph** $G = (V, E)$ besitzt eine Knotenmenge $V = U \cup W$, die in zwei disjunkte Teilmengen U und W zerfällt, sodass alle Kanten des Graphen genau einen Endknoten in U und einen Endknoten in W haben. Das Bild 1.14 zeigt einen bipartiten Graphen mit sieben Knoten. Weitere Beispiele für bipartite Graphen sind Wege, Bäume und Kreise gerader Knotenzahl.

Satz 1.4
Ein Graph G ist genau dann bipartit, wenn alle Kreise von G gerade Länge besitzen.

Beweis: Angenommen $G = (U \cup W, E)$ ist bipartit, wobei alle Kanten von E jeweils einen Endknoten in U und in W haben. Es sei C ein Kreis von

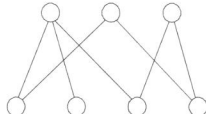

Bild 1.14: Ein bipartiter Graph

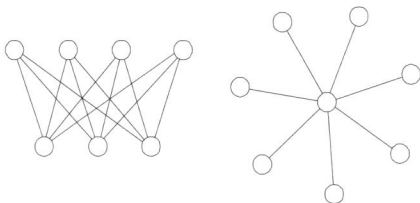

Bild 1.15: Vollständige bipartite Graphen

G. Wir durchlaufen den Kreis C, beginnend in einem Knoten aus U. Dann muss der nächste Knoten, den wir erreichen, in W liegen. Von diesem Knoten gelangen wir wieder zu einem Knoten aus U. Allgemein gehört genau jeder zweite Knoten auf diesem Weg zu U. Damit müssen wir eine gerade Anzahl von Kanten durchlaufen, um diesen Kreis zu schließen.

Es sei nun umgekehrt G ein Graph, der ausschließlich Kreise gerader Länge besitzt. Wir teilen die Knotenmenge $V(G)$ in zwei disjunkte Teilmengen U und W wie folgt auf. Wir wählen einen beliebigen Knoten $v \in V$ und setzen $U = \{v\}$. Alle Nachbarknoten von v bilden die Menge W. Nun erweitern wir U um alle Nachbarn von Knoten aus W. Diese Knoten können nicht selbst aus W sein, da andernfalls ein Kreis ungerader Länge in G vorhanden wäre. Das heißt insbesondere, dass es keine Kante $e \in E$ gibt, deren Endknoten beide in W liegen. Die Menge U wird nun um alle Nachbarn von W erweitert, wobei wieder kein Knoten aus U zu dieser Nachbarschaft gehören kann. Damit gibt es auch keine Kante, die Knoten aus U untereinander verbindet. Diese Konstruktion wird alternierend fortgesetzt bis eine der Mengen unverändert bleibt. Wenn G zusammenhängend ist, sind wir fertig. Andernfalls wiederholen wir diese Konstruktion für jede Komponente und vereinigen anschließend jeweils alle U-Mengen und alle W-Mengen der Komponenten. $\square$

Der **vollständige bipartite Graph** $K_{p,q}$ besitzt eine Knotenmenge $V \cup W$ mit $p+q$ Knoten, sodass jeder der p Knoten von V zu jedem der q Knoten von W adjazent ist. Der Graph K_{pq} besitzt damit genau pq Kanten. Der Graph $K_{1,q}$ heißt auch ein **Stern**. Das Bild 1.15 zeigt die vollständigen bipartiten Graphen $K_{3,4}$ und $K_{1,7}$.

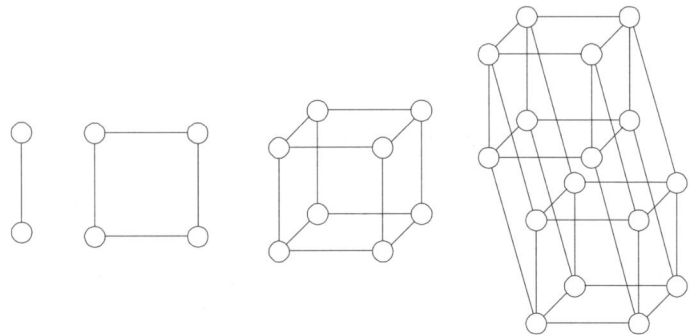

Bild 1.16: Hyperwürfel der Dimensionen 1, 2, 3 und 4

1.3.5 Reguläre Graphen

Ein **regulärer Graph** (**regulärer Graph vom Grade** r, **r-regulärer Graph**) ist ein Graph, dessen Knoten alle denselben Grad (den Grad r) besitzen. Beispiele für reguläre Graphen sind Kreise und vollständige Graphen. Ein r-regulärer Graph mit n Knoten besitzt genau $rn/2$ Kanten. Für einen r-regulären Graphen stimmen Minimalgrad und Maximalgrad überein:

$$\delta\,(G) = \Delta\,(G) = r$$

Der n-**dimensionale Hyperwürfel** Q_n ist das n-fache Produkt eines Weges P_2 mit sich (die n-te Potenz):

$$Q_n = \underbrace{P_2 \times P_2 \times \ldots \times P_2}_{n\text{-mal}} = P_2^n$$

Das Bild 1.16 zeigt die Hyperwürfel Q_1 bis Q_4.

1.4 Isomorphe Graphen

Wann sind zwei Graphen gleich? Die Beantwortung dieser Frage scheint zunächst ganz einfach. Zwei Graphen sind genau dann **gleich**, wenn ihre Knoten- und Kantenmengen sowie die Inzidenzrelationen zwischen Knoten und Kanten übereinstimmen.

Schauen wir uns die Graphen aus Bild 1.17 etwas genauer an. Die ersten beiden Graphen stimmen offenbar völlig überein, obwohl ihre Darstellungen in

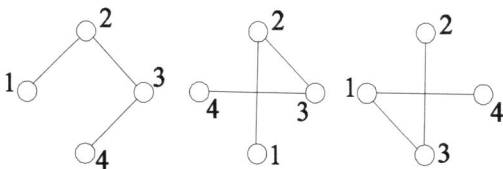

Bild 1.17: Gleiche und isomorphe Graphen

der Ebene (ihre Zeichnungen) unterschiedlich aussehen. Der rechts im Bild 1.17 dargestellte Graph unterscheidet sich jedoch von den anderen beiden. So besitzt hier zum Beispiel der Knoten 2 den Grad 1; in den anderen beiden Graphen besitzt dieser Knoten den Grad 2. Außerdem sind im rechten Graphen die Knoten 1 und 4 adjazent, was in den anderen Graphen nicht der Fall ist. Dennoch sind in allen drei Fällen Wege der Länge 3 dargestellt. Die Struktur dieser Graphen stimmt überein. Um diese strukturelle Übereinstimmung zu beschreiben, führen wir einen weiteren Äquivalenzbegriff für Graphen ein.

1.4.1 Isomorphie

Zwei Graphen $G = (V, E)$ und $H = (W, F)$ heißen **isomorph**, wenn es eine Bijektion $\phi : V \to W$ gibt, sodass für alle $v, w \in V$ die Anzahl der Kanten zwischen v und w in G gleich der Anzahl der Kanten zwischen $\phi(v)$ und $\phi(w)$ in H ist. Etwas einfacher gesagt: Die Graphen G und H sind isomorph, wenn H durch Umnummerierung der Knoten aus G hervorgeht. Viele strukturelle Eigenschaften von Graphen bleiben beim Übergang zu einem isomorphen Graphen erhalten. Dazu zählen Minimalgrad, Maximalgrad, Zusammenhang und die Anzahl der Komponenten. Solche Eigenschaften nennen wir auch **Grapheninvarianten**.

Dass die Isomorphie von Graphen im Allgemeinen nicht leicht erkennbar ist, zeigt uns das Bild 1.18. Zwei der hier dargestellten Graphen sind tatsächlich isomorph – aber welche? Eine Hilfe für den Test auf Isomorphie von Graphen sind die Grapheninvarianten. Wenn eine Grapheninvariante für zwei Graphen nicht übereinstimmt, so sind diese Graphen mit Sicherheit nicht isomorph. So müssen zum Beispiel Knotenzahl, Kantenzahl und Maximalgrad von isomorphen Graphen übereinstimmen.

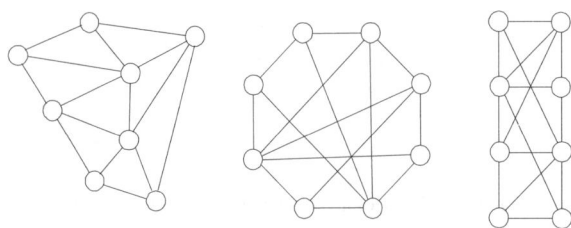

Bild 1.18: Isomorphe Graphen?

1.4.2 Gradfolgen

Auch die Anzahl der Knoten eines gegebenen Grades ist eine Grapheninvariante. Mit diesen Anzahlen definieren wir die **Gradfolge**

$$(d_1, ..., d_n) = (\deg v_1, ..., \deg v_n)$$

eines Graphen. Wir werden stets voraussetzen, dass die Zahlen d_i der Gradfolge aufsteigend sortiert sind. Damit gilt

$$\delta\,(G) = d_1 \leq d_2 \leq ... \leq d_n = \Delta(G).$$

Aus dem Satz 1.1 lassen sich einige Aussagen über die Gradfolge eines Graphen gewinnen. Speziell für Bäume erhalten wir die folgende Behauptung.

Folgerung 1.2 *Für einen Baum* T_n *mit* $n \geq 2$ *gilt*

$$d_1 = d_2 = 1.$$

Beweis: Nach dem Satz 1.1 gilt

$$\sum_{i=1}^{n} d_i = 2m,$$

wobei m die Kantenzahl des Baumes bezeichnet. Da nach Satz 1.3 T_n genau $n-1$ Kanten besitzt, folgt auch

$$\sum_{i=1}^{n} d_i = 2n - 2.$$

Da ein Baum ein zusammenhängender Graph ist, gilt $d_i > 0$ für $i = 1, ..., n$. Wären alle Zahlen $d_i \geq 2$, so würde ihre Summe mindestens $2n$ liefern. Folglich sind mindestens zwei Summanden kleiner als zwei, somit gleich eins. $\square$

Das Bild 1.18 zeigt uns, dass Graphen auch bei übereinstimmender Gradfolge nicht isomorph sein müssen. Wie sehen wir, dass in diesem Bild der linke und der mittlere Graph nicht isomorph sind? Knotenzahl, Kantenzahl und Gradfolge stimmen für beide Graphen überein. Beide Graphen enthalten genau zwei Knoten vom Grade 5. Im linken Graphen sind jedoch diese beiden Knoten adjazent, was im mittleren Graphen des Bildes 1.18 nicht der Fall ist. Wir können folglich die geforderte Bijektion, die alle Adjazenzrelationen erhält, nicht finden – die Graphen sind nicht isomorph.

Aufgaben

1.1 Wie viele verschiedene Wege der Länge k gibt es zwischen zwei beliebigen Knoten des vollständigen Graphen K_n?

1.2 Finden Sie einen Graphen G, in dem eine Kante e mit der Eigenschaft $\delta(G_e) > \delta(G)$ existiert.

1.3 Bestimmen Sie alle nichtisomorphen Bäume mit sechs Knoten.

1.4 Wie kann man aus einer Kantenfolge zwischen den Knoten u und v eines Graphen G einen Weg zwischen u und v erhalten?

1.5 Zeichnen Sie einen Graphen mit der Gradfolge $(1, 2, 3, 4, 5, 6, 7)$. Gibt es auch einen schlichten Graphen mit dieser Gradfolge?

1.6 Sind die beiden hier dargestellten Graphen isomorph?

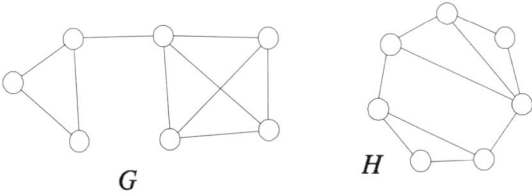

1.7 Zeichnen Sie die Graphen $C_3 \times P_4$ und $P_2 \times P_3 \times P_4$.

1.8 Wie viele Knoten und Kanten besitzt der Graph $G_1 \times G_2$, wenn G_i genau n_i Knoten und m_i Kanten besitzt $(i = 1, 2)$?

1.9 Wie viele Artikulationen kann ein Graph mit n Knoten höchstens besitzen?

1.10 Zeichnen Sie alle nichtisomorphen schlichten Graphen mit 6 Knoten und 7 Kanten.

1.11 Wie viele verschiedene schlichte Graphen mit n Knoten und m Kanten gibt es? Hierbei sind auch isomorphe Graphen als verschieden anzusehen, wenn für wenigstens ein Knotenpaar die Adjazenzrelation unterschiedlich ausfällt.

1.12 Zeichnen Sie einen schlichten 3-regulären bipartiten Graphen mit 8 Knoten.

2 Graphen und Matrizen

Die Darstellung von Graphen durch eine Zeichnung ist zwar sehr anschaulich, jedoch für die Bestimmung von Grapheneigenschaften oder für die Speicherung in einem Computer schlecht geeignet. Neben der direkten Aufzählung der Knoten und Kanten eines Graphen als Listen oder Mengen eignen sich insbesondere Matrizen sehr gut für die Beschreibung der Struktur eines Graphen. Sie bieten darüber hinaus die Möglichkeit, die Werkzeuge der linearen Algebra zu nutzen, um Probleme der Graphentheorie zu lösen. Wir werden daher in diesem Kapitel auf Methoden der Matrizenalgebra und auf die Berechnung von Determinanten zurückgreifen.

2.1 Die Adjazenzmatrix eines Graphen

Es sei $G = (V, E)$ ein ungerichteter Graph mit n Knoten. Wir nehmen im Folgenden stets an, dass die Knoten von G mit den Zahlen der Menge $\{1, ..., n\}$ bezeichnet sind. Die **Adjazenzmatrix** $A(G)$ (oder kurz A) von G ist eine $n \times n$ Matrix mit den Eintragungen

$\qquad a_{ij} = $ Anzahl der Kanten zwischen i und j.

Schlingen werden, je nach Anwendung, einfach oder doppelt gezählt. Wir werden jedoch im Weiteren stets voraussetzen, dass die hier betrachteten Graphen keine Schlingen besitzen. Damit sind die Diagonaleintragungen der Adjazenzmatrix stets gleich null.

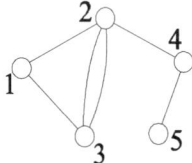

Bild 2.1: Beispielgraph

Die Adjazenzmatrix des Graphen nach Bild 2.1 lautet

$$A = \begin{pmatrix} 0 & 1 & 1 & 0 & 0 \\ 1 & 0 & 2 & 1 & 0 \\ 1 & 2 & 0 & 0 & 0 \\ 0 & 1 & 0 & 0 & 1 \\ 0 & 0 & 0 & 1 & 0 \end{pmatrix}.$$

Wenn der Graph G ein schlichter Graph ist, so sind die Eintragungen der Adjazenzmatrix ausschließlich 0 oder 1. Die Adjazenzmatrix eines ungerichteten Graphen ist stets symmetrisch. Die Summe der Elemente einer Spalte oder Zeile ist gleich dem Knotengrad:

$$\sum_{i=1}^{n} a_{ik} = \sum_{j=1}^{n} a_{kj} = \deg k$$

Damit folgt auch, dass die Adjazenzmatrix eines schlichten Graphen mit m Kanten genau $2m$ Einsen enthält.

Wenn für zwei Graphen G und H die Beziehung $A(G) = A(H)$ gilt, so stimmen diese Graphen überein. Umgekehrt ändert sich jedoch die Adjazenzmatrix eines Graphen im Allgemeinen, wenn wir eine Umnummerierung der Knoten des Graphen vornehmen. Somit können isomorphe Graphen unterschiedliche Adjazenzmatrizen besitzen.

2.1.1   Potenzen der Adjazenzmatrix

Betrachten wir nun das Quadrat der Adjazenzmatrix. Aus der Definition des Produktes von Matrizen folgt für die Elemente $a_{ij}^{(2)}$ der Matrix A^2 die Beziehung

$$a_{ik}^{(2)} = \sum_{j=1}^{n} a_{ij} a_{jk}.$$

Unter welcher Voraussetzung ist ein Summand $a_{ij} a_{jk}$ dieser Summe verschieden von null? Das ist genau dann der Fall, wenn mindestens eine Kante von i nach j und gleichzeitig mindestens eine Kante von j nach k existiert. In diesem Falle existiert eine Kantenfolge der Länge 2 von dem Knoten i nach dem Knoten k über den Knoten j. Wenn r Kanten von i nach j und s Kanten von

Bild 2.2: Kantenfolgen der Länge 2 zwischen i und k

j nach k führen, so zeigt uns das Bild 2.2, dass der Summand $a_{ij} a_{jk} = r \cdot s$ gleich der Anzahl der Kantenfolgen der Länge 2 von i nach k über j ist. Damit liefert das Element $a_{ik}^{(2)}$ die Gesamtzahl aller Kantenfolgen der Länge 2 von i nach k. Nun ist die Verallgemeinerung einfach. Das Element $a_{ik}^{(p)}$ der

Matrix A^p liefert für alle $p \geq 0$ die Anzahl der Kantenfolgen der Länge p von i nach k. Für unseren Beispielgraphen aus Bild 2.1 erhalten wir

$$A^2 = \begin{pmatrix} 2 & 2 & 2 & 1 & 0 \\ 2 & 6 & 1 & 0 & 1 \\ 2 & 1 & 5 & 2 & 0 \\ 1 & 0 & 2 & 2 & 0 \\ 0 & 1 & 0 & 0 & 1 \end{pmatrix}$$

und

$$A^3 = \begin{pmatrix} 4 & 7 & 6 & 2 & 1 \\ 7 & 4 & 14 & 7 & 0 \\ 6 & 14 & 4 & 1 & 2 \\ 2 & 7 & 1 & 0 & 2 \\ 1 & 0 & 2 & 2 & 0 \end{pmatrix} .$$

Daraus lesen wir zum Beispiel ab, dass es genau zwei Kantenfolgen der Länge 3 vom Knoten 3 zum Knoten 5, jedoch keine Kantenfolgen der Länge 2 zwischen diesen beiden Knoten gibt.

2.1.2 Zerlegbare Matrizen

Eine quadratische Matrix M heißt **zerlegbar**, wenn sie durch Permutation der Zeilen und Spalten auf die Form

$$M = \begin{pmatrix} B & \mathbf{0} \\ D & C \end{pmatrix}$$

transformiert werden kann. Hierbei bezeichnet $\mathbf{0}$ eine **Nullmatrix**, deren sämtliche Elemente Nullen sind. Eine symmetrische zerlegbare Matrix kann damit auf die Form

$$M = \begin{pmatrix} B & \mathbf{0} \\ \mathbf{0} & C \end{pmatrix}$$

gebracht werden. Wenn die Adjazenzmatrix A eines Graphen G zerlegbar ist, so ist der Graph G nicht zusammenhängend. Um dies einzusehen, betrachten wir eine zerlegbare Adjazenzmatrix der Form

$$A = \begin{pmatrix} B & \mathbf{0} \\ \mathbf{0} & C \end{pmatrix} .$$

Hierbei sei B eine $k \times k$-Matrix und C eine $(n-k) \times (n-k)$-Matrix. Dann gibt es jedoch keine Kante, die einen der ersten k Knoten mit einem der Knoten

$k + 1$, ..., n verbindet. Folglich ist G nicht zusammenhängend. Auch die Umkehrung dieser Aussage gilt. Wir werden diesen Sachverhalt jedoch hier nicht beweisen, da diese Eigenschaft der Adjazenzmatrix für die praktische Bestimmung des Zusammenhangs von Graphen ungeeignet ist. Es gibt für diesen Zweck weitaus schnellere Algorithmen, die auf Tiefensuche basieren.

2.2   Die Inzidenzmatrix

Es sei $G = (V, E)$ ein Graph mit der Knotenmenge $\{1, ..., n\}$ und der Kantenmenge $\{1, ..., m\}$. Die **Inzidenzmatrix** $B = (b_{ij})$ ist eine $(n \times m)$-Matrix mit den Eintragungen

$$b_{ij} = \begin{cases} 1, \text{ falls Knoten } i \text{ und Kante } j \text{ inzident sind,} \\ 0, \text{ sonst.} \end{cases}$$

Die Inzidenzmatrix des Beispielgraphen aus Bild 2.1 lautet bei geeigneter Nummerierung der Kanten dieses Graphen

$$B = \begin{pmatrix} 1 & 1 & 0 & 0 & 0 & 0 \\ 1 & 0 & 1 & 1 & 1 & 0 \\ 0 & 1 & 1 & 1 & 0 & 0 \\ 0 & 0 & 0 & 0 & 1 & 1 \\ 0 & 0 & 0 & 0 & 0 & 1 \end{pmatrix}.$$

Die Inzidenzmatrix eines Graphen enthält in jeder Spalte genau zwei Einsen und sonst nur Nullen. Die Summe der Elemente einer Zeile liefert auch hier den Grad des jeweiligen Knotens.

2.2.1   Die Gradmatrix

Um den Zusammenhang zwischen Adjazenz- und Inzidenzmatrix zu beschreiben, definieren wir eine weitere Matrix – die **Gradmatrix** D des Graphen G. Die Gradmatrix ist eine $(n \times n)$-Diagonalmatrix, deren Diagonalelemente die Grade der Knoten von G sind. Für den Beispielgraphen nach Abbildung 2.1 erhalten wir die Gradmatrix

$$D = \begin{pmatrix} 2 & 0 & 0 & 0 & 0 \\ 0 & 4 & 0 & 0 & 0 \\ 0 & 0 & 3 & 0 & 0 \\ 0 & 0 & 0 & 2 & 0 \\ 0 & 0 & 0 & 0 & 1 \end{pmatrix}.$$

Die drei Matrizen A, B und D eines Graphen stehen in dem einfachen Zusammenhang

$$BB^\mathsf{T} = A + D.$$

Hierbei bezeichnet B^T die transponierte Matrix der Matrix B. Die Elemente des Produktes BB^T sind Skalarprodukte der Zeilenvektoren der Inzidenzmatrix. Da die Komponenten dieser Vektoren nur Nullen und Einsen sind, ist jedes Skalarprodukt gleich der Anzahl der übereinstimmenden Einsen in den beiden Vektoren. Zwei Zeilen i und j mit $i \neq j$ von B enthalten genau dann beide an der Stelle k eine Eins, wenn die entsprechenden Knoten i und j durch die Kante k verbunden werden. Damit ist das Element auf Platz (i,j) von BB^T gleich der Anzahl der Kanten zwischen i und j. Die Diagonalelemente von BB^T sind Skalarprodukte der Zeilenvektoren von B mit sich selbst. Diese liefern genau die Anzahl der Einsen der Zeilen von B – die Grade der Knoten des Graphen.

2.3 Abstände in Graphen

Der **Abstand** $d(u,v)$ von zwei Knoten $u \in V$ und $v \in V$ eines Graphen $G = (V,E)$ ist die Länge eines kürzesten Weges von u nach v. Wenn kein solcher Weg existiert, so setzen wir $d(u,v) = \infty$. Der Abstand $d(v,v)$ eines Knoten zu sich selbst ist stets gleich null. Der Abstand erfüllt die **Dreiecksungleichung**, die besagt, dass für je drei Knoten u, v, w eines Graphen die Relation

$$d(u,w) \leq d(u,v) + d(v,w) \tag{2.1}$$

gilt. Die Gültigkeit dieser Beziehung ist leicht einzusehen: Wenn von u nach v ein Weg der Länge $d(u,v)$ und von v nach w ein Weg der Länge $d(v,w)$ existiert, so erhalten wir durch Verbinden dieser beiden Wege am Knoten v eine Kantenfolge der Länge $d(u,v) + d(v,w)$ von u nach w. Diese Kantenfolge enthält auch einen Weg mit höchstens $d(u,v) + d(v,w)$ Kanten von u nach w. Falls es kürzere Wege von u nach w gibt, so kann der Abstand zwischen u und w dadurch nur kleiner werden.

2.3.1 Radius, Durchmesser und Zentrum

Die **Exzentrizität** eines Knotens $v \in V$ in einem Graphen $G = (V,E)$ ist die Zahl

$$e(v) = \max \{ d(u,v) : u \in V \}.$$

Die Exzentrizität von v wird also durch den Abstand des von v aus am weitesten entfernten Knoten bestimmt. Der **Radius** $r(G)$ ist die minimale Exzentrizität eines Knotens von G:

$$r(G) = \min\{e(v) : v \in V\}$$

Ein Knoten $v \in V$ liegt im **Zentrum** des Graphen, wenn $e(v) = r(G)$ gilt. Die Zentrumsknoten sind damit genau die Knoten mit minimaler Exzentrizität. Für praktische Anwendungen ist das Zentrum eines Graphen sehr interessant. Wenn der Graph zum Beispiel ein Verkehrsnetz repräsentiert, so sind Orte im Zentrum günstig für die Stationierung von Servicediensten, da von diesen Orten der Abstand (und damit eventuell auch die Fahrzeit) zum entferntesten Ort minimal ist. Das Zentrum eines Graphen umfasst mindestens einen Knoten. Es kann jedoch auch alle Knoten des Graphen enthalten.

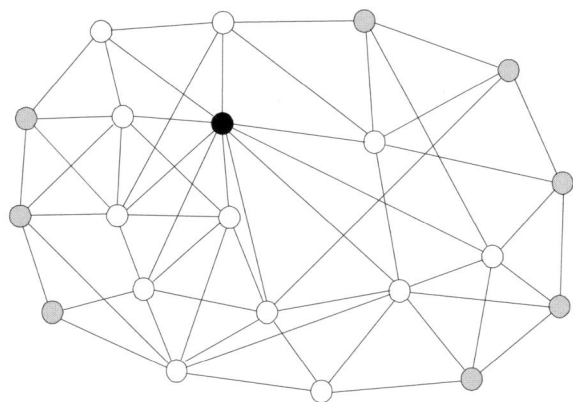

Bild 2.3: Zentrum (schwarz) und Rand (grau) eines Graphen

Der **Durchmesser** $d(G)$ eines Graphen ist die maximale Exzentrizität eines Knotens:

$$\begin{aligned} d(G) &= \max\{e(v) : v \in V\} \\ &= \max_{u,v \in V}\{d(u,v)\} \end{aligned}$$

Der Durchmesser wird folglich von zwei Knoten mit maximalem Abstand bestimmt. Knoten maximaler Exzentrizität heißen auch **Randknoten** des Graphen. Radius und Durchmesser eines Graphen sind Grapheninvarianten, der Abstand zweier Knoten oder die Exzentrizität eines Knotens jedoch nicht.

Das Bild 2.3 zeigt einen Graphen mit 21 Knoten und 57 Kanten. Das Zentrum dieses Graphen besteht aus genau einem Knoten, der hier schwarz dargestellt ist. Der Rand des Graphen umfasst acht (grau markierte) Knoten. Der Durchmesser dieses Graphen beträgt 4, der Radius ist 2.

Radius und Durchmesser eines Graphen erfüllen die Ungleichung

$$r(G) \leq d(G) \leq 2r(G).$$

Die erste Ungleichung folgt direkt aus der Definition, die zweite aus der Dreiecksungleichung (2.1) für den Abstand. Wenn nämlich u ein Knoten aus dem Zentrum von G ist, so gilt für jeden anderen Knoten v die Beziehung $d(u,v) \leq r(G)$. Wenn insbesondere v und w zwei Knoten mit $d(v,w) = d(G)$ sind, folgt

$$d(G) = d(v,w) \leq d(u,v) + d(u,w) \leq 2r(G).$$

Es gibt durchaus Graphen, deren Radius und Durchmesser übereinstimmen. So gilt für den Kreis C_{2n} mit gerader Knotenzahl $r(C_{2n}) = d(C_{2n}) = n$. Eine andere interessante Aussage erhalten wir für den Komplementärgraphen.

Satz 2.1
Es sei G ein schlichter Graph und $\bar{G}$ sein Komplement. Dann folgt aus $d(G) \geq 3$ die Relation $d(\bar{G}) \leq 3$.

Beweis: Es sei $G = (V,E)$ ein Graph mit $d(G) \geq 3$. Dann gibt es in G zwei Knoten u und v mit $d_G(u,v) \geq 3$. Hierbei bezeichnet $d_G(u,v)$ den Abstand der beiden Knoten in G. Der Abstand dieser Knoten in $\bar{G}$ ist dann $d_{\bar{G}}(u,v) = 1$. Kein weiterer Knoten $w \in V$ kann gleichzeitig zu u und zu v in G benachbart sein. Andernfalls würde $d_G(u,v) \leq 2$ resultieren. Folglich gilt $d_{\bar{G}}(u,w) = 1$ oder $d_{\bar{G}}(v,w) = 1$. Damit sind aber je zwei beliebige Knoten von $\bar{G}$ durch einen Weg der Länge 3 oder kürzer miteinander verbunden. $\square$

2.3.2 Die Abstandsmatrix

Wie findet man Radius und Durchmesser eines Graphen? Tatsächlich stecken alle Informationen bereits in der Adjazenzmatrix. Wir werden die Adjazenzmatrix zunächst nutzen, um eine weitere Matrix zu konstruieren, aus der wir dann sehr leicht Durchmesser und Radius erhalten. Die **Abstandsmatrix** $M = (m_{ij})$ ist eine Matrix, deren Format mit dem der Adjazenzmatrix übereinstimmt. Ihre Eintragungen sind die Abstände der Knoten $m_{ij} = d(i,j)$. Wir wissen bereits, dass das Element $a_{ij}^{(k)}$ der k-ten Potenz der Adjazenzmatrix die Anzahl der Kantenfolgen der Länge k zwischen den Knoten i und

j liefert. Angenommen, es gilt $a_{ij}^{(k)} = 0$ für $k = 0, ..., l - 1$ und $a_{ij}^{(l)} > 0$. Dann existiert keine Kantenfolge einer Länge kleiner l, aber mindestens eine Kantenfolge der Länge l zwischen den Knoten i und j. Diese kürzeste Kantenfolge ist dann auch ein kürzester Weg zwischen den beiden Knoten. Damit gilt $d(i,j) = l$. Allgemein erhalten wir

$$m_{ij} = d(i,j) = \min\left\{ k : k \in \mathbb{N},\ a_{ij}^{(k)} > 0 \right\}$$

für alle Knoten $i, j \in V = \{1, ..., n\}$. Für den Graphen aus Bild 2.1 erhalten wir die Abstandsmatrix

$$M = \begin{pmatrix} 0 & 1 & 1 & 2 & 3 \\ 1 & 0 & 1 & 1 & 2 \\ 1 & 1 & 0 & 2 & 3 \\ 2 & 1 & 2 & 0 & 1 \\ 3 & 2 & 3 & 1 & 0 \end{pmatrix}.$$

Der Durchmesser ist das Maximum aller Eintragungen dieser Matrix:

$$d(G) = \max_{i,j} \{m_{ij}\} = 3$$

Der Radius ist das Minimum der Maxima der Zeilen. Wir erhalten

$$r(G) = \min_i \left\{ \max_j \{m_{ij}\} \right\} = 2.$$

2.4 Gerüste

Ein **Gerüst** eines Graphen $G = (V, E)$ ist ein zusammenhängender kreisfreier Untergraph von G, der alle Knoten aus V enthält. Ein nicht zusammenhängender Graph besitzt kein Gerüst. Ein Gerüst ist damit auch ein Baum, der alle Knoten von G enthält. Gerüste sind für viele Anwendungen der Graphentheorie wichtig. Sie repräsentieren eine minimale Kantenteilmenge, die den Zusammenhang des Graphen sichert. Die Eigenschaft ist in der Zuverlässigkeitstheorie interessant. In der Elektrotechnik bilden Gerüste die Grundlage für das Aufstellen von Gleichungssystemen zur Bestimmung von Strömen und Spannungen in elektrischen Netzwerken.

2.4.1 Die Anzahl der Gerüste

Wir wollen uns hier nur mit der Frage beschäftigen, wie viele Gerüste ein Graph besitzt. Für einige spezielle Graphen lässt sich diese Frage sofort beantworten. Wenn G ein Baum ist, so besitzt er offensichtlich genau ein Gerüst,

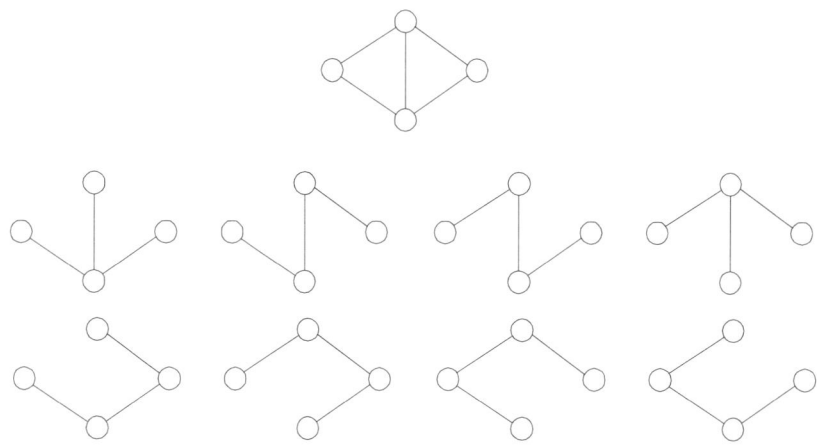

Bild 2.4: Gerüste eines Graphen

das in diesem Falle der Graph selbst ist. Für den Kreis C_n erhalten wir jedes Gerüst durch Entfernen genau einer Kante des Graphen. Folglich besitzt C_n genau n Gerüste. Wir werden im Folgenden die Anzahl der Gerüste eines Graphen G mit $t(G)$ bezeichnen. Allgemein kann ein Graph sehr viele Gerüste besitzen. Das Bild 2.4 vermittelt uns einen Eindruck von der Menge der Gerüste eines Graphen. Es sei $e \in E$ eine Kante des Graphen G. Dann können wir alle Gerüste von G in zwei Klassen einteilen:

(I) Gerüste von G, die Kante e enthalten,

(II) Gerüste von G, die Kante e nicht enthalten.

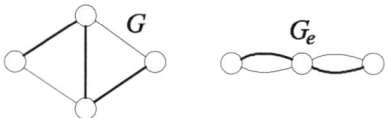

Bild 2.5: Kontraktion eines Gerüstes

Ein Gerüst der Klasse (I) geht durch Kontraktion der Kante e in ein Gerüst des Graphen G_e über. Das Bild 2.5 veranschaulicht diesen Sachverhalt. Die fett dargestellten Kanten sind die Kanten des Gerüstes. Hierbei werden, im Gegensatz zur im Kapitel 1 eingeführten Kontraktion, eventuell entstehende Schlingen entfernt, da diese in keinem Gerüst von G auftreten können. Um diesen Unterschied deutlich zu machen, schreiben wir jetzt G_e statt G/e für den durch Kontraktion entstandenen Graphen.

Dieser Prozess lässt sich auch rückgängig machen. Wenn wir von G_e zu G übergehen, erhalten wir aus jedem Gerüst von G_e durch Einfügen der Kante e ein Gerüst von G. Diese Zuordnung ist somit bijektiv – es gibt genau so viele Gerüste von G mit der Kante e wie G_e insgesamt Gerüste besitzt. Die Anzahl der Gerüste der Klasse (I) ist damit $t(G_e)$.

Ein Gerüst der Klasse (II) ist, da es die Kante e nicht enthält, auch ein Gerüst des Graphen $G - e$. Umgekehrt ist auch jedes Gerüst von $G - e$ ein Gerüst von G, das der Klasse (II) angehört. Die Anzahl der Gerüste dieser Klasse ist folglich $t(G - e)$. Wir erhalten als Zusammenfassung dieser Aussagen die **Dekompositionsformel** für die Gerüstanzahl:

$$t(G) = t(G_e) + t(G - e) \tag{2.2}$$

Für den im Bild 2.4 dargestellten Beispielgraph lässt sich diese Formel wie folgt schreiben:

Noch übersichtlicher wird die Gesamtrechnung durch einen **Dekompositionsbaum** nach Bild 2.6 beschrieben. In dieser graphischen Darstellung steht der Ausgangsgraph ganz oben. Die einzelnen Schritte werden durch Pfeile dargestellt. Die jeweils für die Dekomposition verwendete Kante ist mit e beschriftet. Die Kontraktion $(+e)$ der Kante e führt jeweils auf den Graphen links unten, das Entfernen $(-e)$ auf den Graphen rechts unten. Der Prozess wird fortgesetzt bis der verbleibende Graph ein Baum ist. Dieser Baum repräsentiert dann jeweils ein Gerüst des Ausgangsgraphen. Wir zählen genau acht Bäume, die den acht Gerüsten entsprechen, die im Bild 2.4 dargestellt sind. Der Dekompositionsbaum zeigt aber auch den Nachteil dieser Methode. In jedem Schritt entstehen zwei neue Graphen, die ihrerseits wieder je zwei neue Graphen hervorbringen.

2.4.2 Die Admittanzmatrix und der Satz von Kirchhoff

Eine ganz andere Art zur Berechnung der Anzahl der Gerüste eines Graphen liefert der Satz von Gustav Robert Kirchhoff (1824 – 1887). Um diesen Satz aufschreiben zu können, definieren wir zunächst eine weitere Graphenmatrix. Die **Admittanzmatrix** L (oder **Laplace-Matrix**) eines Graphen

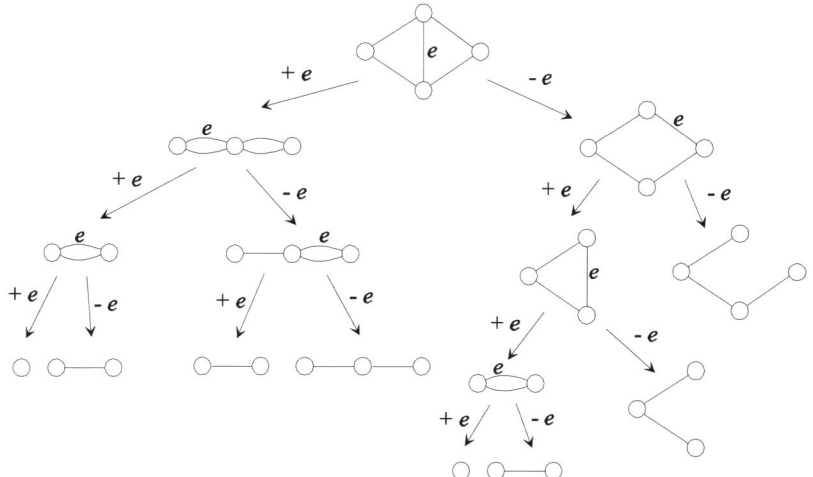

Bild 2.6: Dekompositionsbaum für die Berechnung der Anzahl der Gerüste

ist die Differenz aus der Gradmatrix und der Adjazenzmatrix:

$$L = D - A$$

Der Name **Admittanz** kommt aus der Elektrotechnik. Die Admittanz ist ein komplexer Leitwert, das ist der Kehrwert des elektrischen Widerstandes. Für einen Knoten $i \in V = \{1, ..., n\}$ des Graphen sei L_i die Matrix, die durch Streichen von Zeile und Spalte i aus L hervorgeht.

Satz 2.2 (Kirchhoff)
Es sei $G = (V, E)$, ein Graph, $v \in V$ ein beliebiger Knoten und L die Admittanzmatrix dieses Graphen. Dann ist die Anzahl der Gerüste dieses Graphen durch $t(G) = \det L_v$ bestimmt.

Wenn $M = (\mathbf{x}_1^*, \mathbf{x}_2, ..., \mathbf{x}_n)$ und $N = (\mathbf{x}_1^{**}, \mathbf{x}_2, ..., \mathbf{x}_n)$ zwei Matrizen mit den Spaltenvektoren $\mathbf{x}_1^*, \mathbf{x}_1^{**}, \mathbf{x}_2, ..., \mathbf{x}_n$ sind, so gilt für die Determinante der Matrix $P = (\mathbf{x}_1^* + \mathbf{x}_1^{**}, \mathbf{x}_2, ..., \mathbf{x}_n)$ die Beziehung

$$\det P = \det M + \det N.$$

Diese Gleichung hat dieselbe Struktur wie die Dekompositionsgleichung (2.2) für die Anzahl der Gerüste. Man kann nun zeigen, dass die reduzierten (um eine Zeile und Spalte gekürzten) Admittanzmatrizen von G, G_e und $G - e$

in analoger Beziehung wie die hier beschriebenen Matrizen P, M und N stehen. Diese Eigenschaft liefert dann mit der vollständigen Induktion den Beweis des Satzes von Kirchhoff. Wir werden diesen Beweis hier nicht ausführen. Der interessierte Leser findet ihn in weiterführenden Lehrbüchern zur Graphentheorie (siehe zum Beispiel Sachs [22]).

Für den Beispielgraphen aus Bild 2.4 erhalten wir die Admittanzmatrix

$$L = \begin{pmatrix} 2 & -1 & -1 & 0 \\ -1 & 3 & -1 & -1 \\ -1 & -1 & 3 & -1 \\ 0 & -1 & -1 & 2 \end{pmatrix}.$$

Nach dem Satz von Kirchhoff folgt die Anzahl der Gerüste aus

$$t(G) = \det L_1 = \begin{vmatrix} 3 & -1 & -1 \\ -1 & 3 & -1 \\ -1 & -1 & 2 \end{vmatrix} = 8.$$

Die Adjazenzmatrix und die daraus abgeleiteten Matrizen eines Graphen haben viele weitere interessante Anwendungen in der Graphentheorie. Das Spektrum (die Gesamtheit der Eigenwerte) der Adjazenzmatrix liefert interessante strukturelle Aussagen über einen Graphen. Es findet unter anderem in der Quantenchemie Anwendung. Die Darlegung dieser Zusammenhänge erfordert jedoch recht weitreichende Grundlagen aus der linearen Algebra, die wir hier nicht voraussetzen wollen. Für eine Einführung in dieses Gebiet sind die Bücher von Biggs [6] und von Cvetković, Doob, Sachs [10] zu empfehlen.

Aufgaben

2.1 Welche Bedeutung besitzen die Diagonalelemente $a_{ii}^{(2)}$ des Quadrates A^2 der Adjazenzmatrix A eines Graphen? Welche Bedeutung besitzen die Diagonalelemente $a_{ii}^{(3)}$ der dritten Potenz der Adjazenzmatrix eines schlichten Graphen?

2.2 Es sei $H = (V, F)$ ein Untergraph von $G = (V, E)$, wobei beide Graphen dieselbe Knotenmenge besitzen. Welche Relation erhalten wir für die Elemente der Adjazenzmatrizen der beiden Graphen?

2.3 Welche besondere Eigenschaft besitzt die Adjazenzmatrix eines bipartiten Graphen?

2.4 Wie groß ist der Durchmesser des n-dimensionalen Hyperwürfels Q_n und des vollständigen bipartiten Graphen $K_{m,n}$?

2.5 Beschreiben Sie Zentrum und Rand des Weges P_n.

2.6 Bestimmen Sie die Abstandsmatrix des dargestellten Graphen.

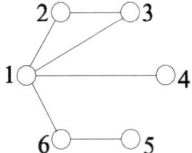

2.7 Wie viele Gerüste besitzt der Graph, der durch Verbindung von zwei Kreisen mit k beziehungsweise l Kanten an genau einem Knoten hervorgeht?

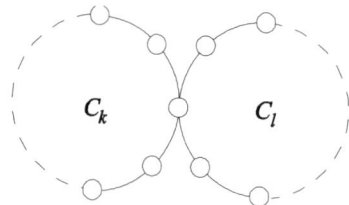

2.8 Wie viele Gerüste besitzt der vollständige Graph K_n?

2.9 Sind die Graphen mit den Adjazenzmatrizen

$$\begin{pmatrix} 0 & 1 & 1 & 0 \\ 1 & 0 & 1 & 1 \\ 1 & 1 & 0 & 0 \\ 0 & 1 & 0 & 0 \end{pmatrix} \text{ und } \begin{pmatrix} 0 & 1 & 1 & 1 \\ 1 & 0 & 0 & 0 \\ 1 & 0 & 0 & 1 \\ 1 & 0 & 1 & 0 \end{pmatrix} \text{ isomorph?}$$

2.10 Berechnen Sie die Anzahl der Gerüste für alle dargestellten Graphen. Welche Zahlenfolge ergibt sich?

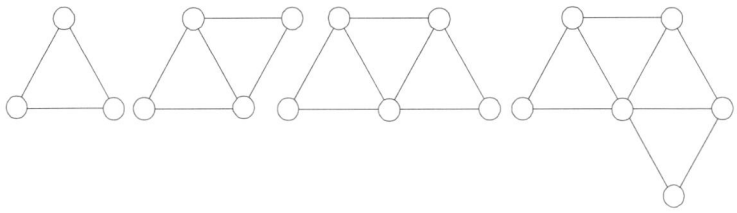

3 Planare Graphen – die Eulersche Polyederformel

Planare Graphen sind solche Graphen, die sich ohne Überkreuzungen von Kanten in eine Ebene zeichnen lassen. Wir nehmen hierbei an, dass die Knoten als Punkte in der Ebene dargestellt werden. Eine Kante entspricht dann einer Kurve, die zwei solche Knotenpunkte verbindet. Diese Definition ist jedoch immer noch unexakt. Was ist eine Kurve? Was heißt Überkreuzung? Wir werden diese Begriffe in den folgenden Abschnitten genauer klären. Hierbei gelangen wir in ein Teilgebiet der Mathematik, dass eng mit der Graphentheorie verwandt ist – die **Topologie**. Das ist eine Art verallgemeinerte Geometrie, die ohne solche Begriffe wie Länge, Volumen oder Winkel auskommt. In der Topologie werden Eigenschaften von Figuren untersucht, die bei beliebigen bijektiven stetigen Abbildungen erhalten bleiben. Dazu gehören zum Beispiel Zusammenhang und Dimension, jedoch nicht Form und Größe.

Zunächst müssen wir jedoch mit der hier gegebenen anschaulichen Definition eines planaren Graphen auskommen. Planare Graphen haben unter anderem für das Schaltkreis-Layout große Bedeutung. Hierbei geht es darum, elektronische Bauelemente so durch elektrische Leiterbahnen zu verbinden, dass keine (oder möglichst wenige) Überkreuzungen der Leitungen auftreten. Sicher kann man nicht durch Probieren aller möglichen ebenen Darstellungen von Graphen feststellen, ob ein Graph planar ist. Deshalb ist ein (möglichst einfach überprüfbares) Kriterium für die Planarität von Graphen gesucht.

Dieses Kapitel liefert eine erste Einführung in die Theorie der planaren Graphen. Leser, die mehr zu diesem Thema wissen möchten, sollten zum Beispiel die Bücher von Sachs [23] oder von Nishizeki und Chiba [19] lesen. Das letztgenannte Buch liefert speziell auch eine schöne Übersicht zu Algorithmen für planare Graphen.

3.1 Planare Einbettungen

3.1.1 Ebene Kurven und Einbettungen

Wie zeichnet man einen Graphen in eine Ebene? Zunächst ordnen wir den Knoten des Graphen Punkte der Ebene zu, sodass verschiedene Knoten stets auf verschiedene Punkte der Ebene abgebildet werden. Die Ebene identifizieren wir mit der Punktmenge $\mathbb{R}^2$. Damit kann die Darstellung der Knoten als Punkte in der Ebene durch eine injektive Abbildung $\phi : V \to \mathbb{R}^2$ beschrieben werden. Hierbei heißt eine Abbildung ϕ **injektiv**, wenn aus $x \neq y$ stets $\phi(x) \neq \phi(y)$ folgt. Um die Darstellung der Kanten exakt zu beschreiben, müssen wir zunächst einige Grundbegriffe klären. Eine **einfache** (doppelpunktfreie) ebene **Kurve** ist eine stetige injektive Abbildung des Intervalls $[0, 1]$ in die Ebene. Die Stetigkeit ist eine Voraussetzung dafür, dass die Kurve zusammenhängend ist. Die Injektivität der Abbildung sichert die Vermeidung von Doppelpunkten (Selbstüberschneidungen) der Kurve.

Bild 3.1: Einfache und nichteinfache Kurven

Das Bild 3.1 zeigt links einfache Kurven und rechts eine Kurve mit Doppelpunkten. Eine Kante zwischen den Knoten $u \in V$ und $v \in V$ ist eine einfache Kurve mit den Endpunkten $\phi(u)$ und $\phi(v)$. Damit kann eine Kante insbesondere keine Selbstüberschneidungen besitzen. Verschiedene Kanten können sich jedoch sehr wohl schneiden.

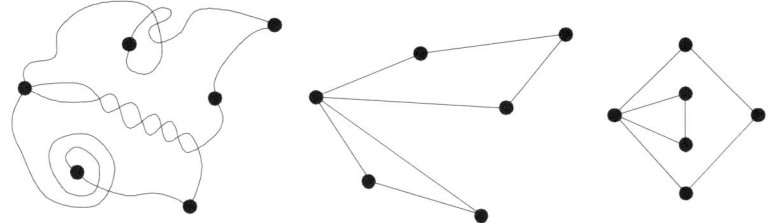

Bild 3.2: Drei Darstellungen eines Graphen in der Ebene

Das Bild 3.2 zeigt drei verschiedene Darstellungen eines Graphen in der Ebene. Nur die erste Darstellung besitzt Kantenüberschneidungen, die beiden anderen jedoch nicht. Die Knoten sind hierbei durch kleine schwarze Kreise dargestellt, um sie besser sichtbar zu machen. Eine Darstellung eines Graphen G in der Ebene ohne Kantenüberkreuzungen nennen wir eine **planare Einbettung** von G.

Wir werden bald sehen, dass nicht jeder Graph eine planare Einbettung besitzt. Damit ergibt sich das Problem, zu entscheiden, welche Graphen planare

Einbettungen besitzen und welche nicht. Wir nennen einen Graphen, der eine planare Einbettung besitzt, einen **planaren Graphen**.

3.1.2 Flächen eines planaren Graphen

Eine Punktmenge G der Ebene $\mathbb{R}^2$ heißt **zusammenhängend**, wenn je zwei Punkte aus G durch eine ganz innerhalb von G verlaufende Kurve verbunden werden können. Es sei $G = (V, E)$ ein planarer Graph. Wir betrachten eine Einbettung von G in die Ebene. Wenn wir alle Kanten und Knoten von G (genauer: alle Kurven und Punkte, die den Kanten und Knoten entsprechen) aus der Ebene entfernen, so zerfällt die Ebene in zusammenhängende Gebiete. Diese Gebiete nennen wir die **Flächen** der Einbettung.

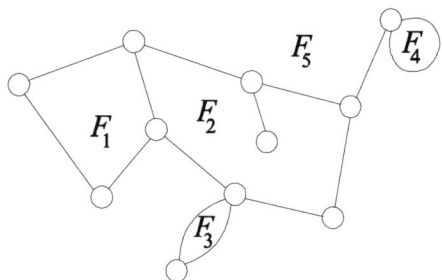

Bild 3.3: Flächen einer Einbettung

Das Bild 3.3 zeigt die Flächen einer Einbettung eines planaren Graphen. Die dargestellte Fläche F_5 ist hierbei die **unendliche (*äußere*) Fläche**. Ein Graph ist offensichtlich genau dann planar, wenn alle seine Komponenten planar sind.

3.1.3 Einbettungen auf der Kugel

Jeder Einbettung eines Graphen G in der Ebene kann auch eine Einbettung von G auf der Kugeloberfläche zugeordnet werden. Um die Einbettung in die Kugeloberfläche zu konstruieren, betrachten wir eine **stereographische Projektion**. Dazu denken wir uns eine Kugel $\mathcal{K}$, die auf der Einbettungsebene $\mathcal{E}$ von G liegt. Den Berührungspunkt von $\mathcal{K}$ mit $\mathcal{E}$ nennen wir auch den Südpol der Kugel. Bild 3.4 verdeutlicht diese Situation. Die vom Nordpol N der Kugel ausgehenden Strahlen zu den Knoten und Kanten der Einbettung von G in $\mathcal{E}$ schneiden die Kugeloberfläche in genau einem Punkt. Die Menge aller dieser Schnittpunkte liefert die gesuchte Einbettung von G in $\mathcal{K}$. Aus

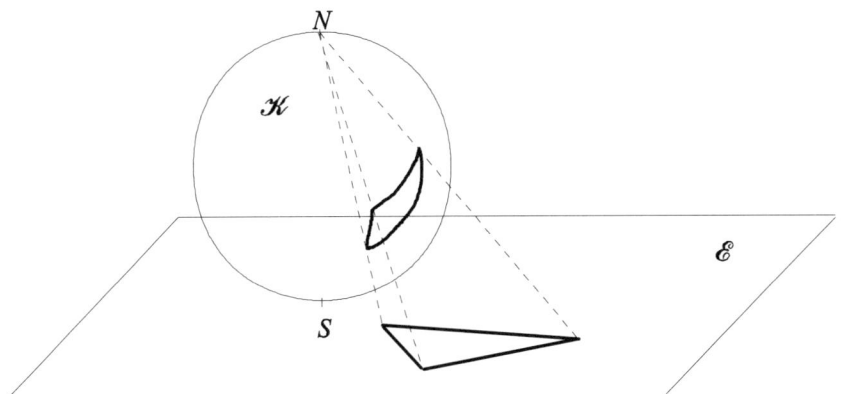

Bild 3.4: Stereographische Projektion

dieser Konstruktion folgt auch, dass jede Fläche einer Einbettung eines Graphen in eine Ebene als äußere Fläche einer Einbettung gewählt werden kann. Wir müssen dazu nur die Kugel in der Ebene weiterrollen, bis der Nordpol in der gewünschten Fläche F_i liegt und anschließend die stereographische Projektion in der umgekehrten Richtung ausführen. Dabei erhalten wir eine neue Einbettung des Graphen in die Ebene, die nun F_i als äußere Fläche besitzt. Zwei Einbettungen eines Graphen in die Ebene, die durch diese Konstruktion auseinander hervorgehen, heißen **äquivalent**. Man kann zeigen, dass für dreifach zusammenhängende (siehe Abschnitt 6.1) planare Graphen die Einbettung bis auf Äquivalenz eindeutig bestimmt ist.

Wir haben gesehen, dass jeder Graph, der in die Ebene eingebettet werden kann, auch eine Einbettung auf der Kugeloberfläche besitzt. Für andere Flächen trifft dies nicht in jedem Falle zu. Auf einem Torus (eine Fläche in Form eines Fahrradschlauches) kann man einen vollständigen Graphen K_7 einbetten. In der Ebene gelingt dies bereits für den K_5 nicht mehr. Die Einbettbarkeit von Graphen bietet damit auch eine Möglichkeit zur Klassifikation von Flächen. Dieser Sachverhalt findet in der Topologie Anwendung. Eine elementare Einführung in die kombinatorische Topologie liefert das Buch von Armstrong [2].

3.1.4 Kreuzungszahl und Dicke

Wenn ein Graph nichtplanar ist, so interessiert man sich manchmal für die „Stärke der Abweichung von der Planarität". Um diesen Begriff etwas genauer zu fassen, führen wir einige Maße für diese Abweichung ein. Die **Kreuzungs-**

zahl (crossing number) $\nu(G)$ eines Graphen G ist die minimale Anzahl von Kantenüberkreuzungen, die bei einer Darstellung des Graphen in der Ebene auftritt. Es erweist sich jedoch als recht schwierig, diese Zahl für einen gegebenen Graphen zu bestimmen.

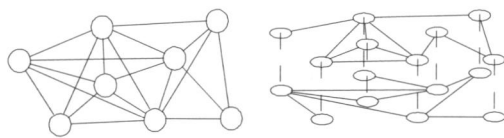

Bild 3.5: Zerlegung eines nichtplanaren Graphen

Ein anderes Maß ist die **Dicke (thickness)** $\theta(G)$ eines Graphen G. Das ist die minimale Anzahl planarer Untergraphen von G, deren Vereinigung G ist. Wir können uns diese Untergraphen als Schichten vorstellen, die übereinander gelegt sind. Das Bild 3.5 zeigt einen nichtplanaren Graphen der Dicke 2 und eine Darstellung der beiden planaren Untergraphen als übereinander gelegte Schichten. Solche Darstellungen sind für das Layout elektrischer Schaltungen von Interesse. Die exakte Bestimmung der Dicke eines Graphen ist ebenfalls ein recht schwieriges Thema. Für vollständige Graphen kennt man zumindest das Ergebnis.

Satz 3.1 (Beineke und Harary)
Die Dicke eines vollständigen Graphen mit n ($n \neq 9$, $n \neq 10$) ist

$$\theta(K_n) = \left\lfloor \frac{n+7}{6} \right\rfloor .$$

Es gilt $\theta(K_9) = \theta(K_{10}) = 3$.

Hierbei sei für jedes $x \in \mathbb{R}$ die Zahl $\lfloor x \rfloor$ die größte ganze Zahl gleich oder kleiner x. Den Beweis dieses Satzes findet man in dem Buch von Harary [13].

3.2   Die Eulersche Polyederformel

3.2.1   Polyeder

Ein **Polyeder** ist ein durch ebene Flächenstücke beranderter Körper (ein **Vielflächner**). Wir wollen hier ausschließlich **konvexe Polyeder** betrachten. Das sind solche Polyeder, in denen zwei Punkte des Polyeders stets durch eine ganz im Polyeder verlaufende Strecke verbunden werden können. Ein konvexes Polyeder kann folglich weder Dellen noch Löcher besitzen. Würfel und Tetraeder sind Beispiele für konvexe Polyeder. Wir wollen uns im Folgenden nur für die kombinatorischen Eigenschaften konvexer Polyeder, nicht jedoch für die geometrischen Eigenschaften interessieren. Kombinatorische Eigenschaften sind die Anzahl der Seitenflächen, der Ecken und Kanten oder die Anzahl der Randkanten einer Seitenfläche. Geometrische Eigenschaften sind Kantenlängen, Winkel zwischen Kanten oder das Volumen eines Körpers.

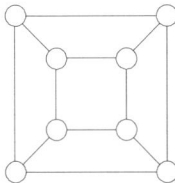

Bild 3.6: Das Kantengerüst eines Würfels als planarer Graph

Was haben Polyeder mit planaren Graphen zu tun? Für die Untersuchung der kombinatorischen Eigenschaften eines Polyeders genügt die Betrachtung des Kantengerüstes, das sich auf folgende Weise auf einen planaren Graphen abbilden lässt. Wir führen zunächst eine Zentralprojektion mit dem Kantengerüst so aus, dass das Bild als Graph auf einer Kugeloberfläche sichtbar wird. Anschaulich kann man sich diesen Prozess wie folgt vorstellen. Wir platzieren zunächst das Kantengerüst des Polyeders (zum Beispiel eines Würfels) im Inneren einer Hohlkugel. Nun stellen wir uns wiederum im Inneren des Polyederkantengerüstes eine punktförmige Lichtquelle vor. Dann fällt der Schatten der Kanten des Polyeders auf die Kugelinnenfläche. Dieser Schatten bildet dort einen Graphen, der keine Kantenüberkreuzungen aufweist. Schließlich können wir den auf der Kugeloberfläche eingebetteten Graphen mittels stereographischer Projektion in die Ebene abbilden. Auf diese Weise können wir die kombinatorischen Eigenschaften eines Polyeders mit einem planaren Graphen darstellen. Das Bild 3.6 zeigt einen planaren Graphen, der das Kantengerüst eines Würfels repräsentiert.

3.2.2 Die Polyederformel für zusammenhängende Graphen

Es sein nun $G = (V, E)$ ein zusammenhängender planarer Graph, für den uns eine Einbettung in der Ebene vorliegt. Die Anzahl der Knoten von G sei n, die Anzahl der Kanten m. Die Anzahl der Flächen der Einbettung bezeichnen wir mit f. Diese drei Zahlen erfüllen eine bemerkenswert einfache Beziehung, die LEONHARD EULER (1707 – 1783) entdeckte.

Satz 3.2 (Euler)
Für jeden zusammenhängenden planaren Graphen gilt

$$n + f = m + 2. \tag{3.1}$$

Insbesondere ist die Anzahl der Flächen eines planaren Graphen unabhängig von der konkreten Einbettung in die Ebene.

Wir bezeichnen die Gleichung (3.1) im Folgenden als **Eulersche Polyederformel**.

Beweis: Wir führen den Beweis durch vollständige Induktion nach der Anzahl der Knoten und Kanten. Für einen Graphen mit nur einem Knoten und keiner Kante gilt die Formel offensichtlich. In diesem Falle ist $n = 1$, $f = 1$ und $m = 0$. Es sei nun G ein Graph mit n Knoten und m Kanten, welcher die Eulersche Polyederformel (3.1) erfüllt. Wir werden zeigen, dass dann auch jeder Graph, der einen Knoten oder eine Kante mehr besitzt, diese Formel erfüllt.

Nehmen wir zunächst einen Knoten hinzu. Damit der neue Graph wieder zusammenhängend ist, müssen wir gleichzeitig eine neue Kante erzeugen. Entweder wir platzieren den Knoten auf einer der vorhandenen Kanten, wobei diese Kante in zwei neue Kanten unterteilt wird oder wir setzen den Knoten in irgendeine Fläche und verbinden ihn durch eine neue Kante mit einem bereits vorhandenen Knoten. In beiden Fällen nimmt die Anzahl der Knoten und Kanten um je 1 zu und die Anzahl der Flächen bleibt konstant. Damit addieren wir je 1 zu beiden Seiten der Gleichung (3.1), sodass diese Gleichung gültig bleibt.

Eine neue, in G eingefügte Kante verläuft ganz im Inneren einer Fläche der Einbettung. Diese Fläche wird folglich in zwei neue Flächen zerlegt. Damit nimmt bei dieser Operation die Anzahl der Kanten und Flächen um je 1 zu, sodass wiederum die Eulersche Polyederformel erhalten bleibt. Folglich gilt sie für alle zusammenhängenden planaren Graphen. □

Die Eulersche Polyederformel lässt sich für den Würfel nach Bild 3.6 leicht überprüfen. Dieser Graph (ebenso wie der Würfel als Körper) besitzt 8 Knoten (Ecken), 12 Kanten und 6 Flächen. Tatsächlich ist $8 + 6 = 12 + 2$. Die oben beschriebene Projektion des Kantengerüstes eines konvexen Polyeders begründet auch den Namen **Polyeder**formel, obwohl wir zunächst eine Beziehung über planare Graphen bewiesen haben.

3.2.3 Die Polyederformel für nicht zusammenhängende Graphen

Die Eulersche Polyederformel lässt sich auch für nicht zusammenhängende Graphen verallgemeinern. Es sei G ein planarer Graph mit c Komponenten. Für jede Komponente gilt die Beziehung (3.1). Wir müssen jedoch beachten, dass sich alle Komponenten die äußere Fläche teilen. Damit haben wir insgesamt $c - 1$ Flächen weniger. Es folgt $n + f - (c - 1) = m + 2$ oder

$$n + f - c - m = 1.$$

Die relativ einfache Polyederformel besitzt erstaunlich weitreichende Konsequenzen für die gesamte Theorie planarer Graphen sowie zahlreiche Anwendungen in der Topologie. Sie lässt sich noch allgemeiner fassen, sodass sie auch für Flächen beliebigen Geschlechts (was immer das ist) und für höherdimensionale Räume gilt. Eine elementare Einführung zu diesen Fragen liefert das Buch von Boltjanskij und Efremovic [8].

3.3 Anwendungen der Polyederformel

3.3.1 Nichtplanare Graphen

Die Eulersche Polyederformel gestattet uns auf einfache Weise zu zeigen, dass es tatsächlich nichtplanare Graphen gibt. Unser Ziel ist es zunächst, möglichst kleine nichtplanare Graphen zu finden. Dabei können wir uns auf schlichte Graphen beschränken, da für jede planare Einbettung eines Graphen beliebig viele parallele Kanten und Schlingen ergänzt werden können, ohne die Planarität zu stören.

Folgerung 3.1 *Der vollständige Graph K_5 ist nichtplanar.*

Beweis: Wir zeigen diese Aussage indirekt mit der Eulerschen Polyederformel. Angenommen K_5 ist ein planarer Graph. Eine Einbettung müsste dann

$$f = m + 2 - n = 10 + 2 - 5 = 7$$

Flächen besitzen. Jede Fläche wird von mindestens drei Kanten berandet. Andererseits berandet jede Kante gleichzeitig zwei Flächen. Damit folgt

$$3f \le 2m.$$

Diese Ungleichung gilt jedoch für $m = 10$ und $f = 7$ nicht. Dieser Widerspruch zeigt, dass unsere Annahme, K_5 sei planar, falsch war. $\square$

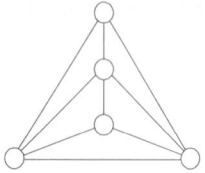

Bild 3.7: Eine planare Einbettung des Graphen $K_5 - e$

Dass der Graph K_5 tatsächlich ein minimaler nichtplanarer Graph ist, sehen wir im Bild 3.7. Es zeigt die planare Einbettung des Graphen $K_5 - e$, der aus dem vollständigen Graphen K_5 durch Entfernen einer beliebigen Kante e hervorgeht.

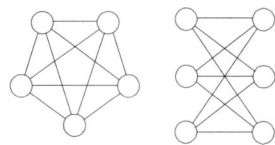

Bild 3.8: Nichtplanare Graphen

Ein weiterer nichtplanarer Graph ist der vollständige bipartite Graph $K_{3,3}$. Das Bild 3.8 zeigt diesen Graphen zusammen mit dem Graphen K_5. Warum ist $K_{3,3}$ nichtplanar? Die Antwort liefert auch hier die Eulersche Polyeder-formel. Wenn $K_{3,3}$ planar wäre, müsste eine Einbettung dieses Graphen fünf Flächen besitzen. Da ein bipartiter Graph nach Satz 1.4 keine Kreise un-gerader Länge enthält, wird jede Fläche des $K_{3,3}$ von mindestens 4 Kanten berandet. Wenn wir wieder beachten, dass jede Kante gleichzeitig zwei Flä-chen berandet, so sind mindestens 10 Kanten erforderlich. Der Graph $K_{3,3}$ besitzt jedoch nur 9 Kanten. Er kann folglich nicht planar sein. Auch dieser Graph ist wieder minimal in Bezug auf die Nichtplanarität – das Entfernen einer beliebigen Kante führt zu einem planaren Graphen.

3.3.2   Der Satz von Kuratowski

Die beiden Graphen K_5 und $K_{3,3}$ spielen eine besondere Rolle in der Theorie der planaren Graphen. KAZIMIERZ KURATOWSKI (1896 – 1980) entdeckte, dass diese beiden Graphen die Charakterisierung der Planarität ermöglichen.

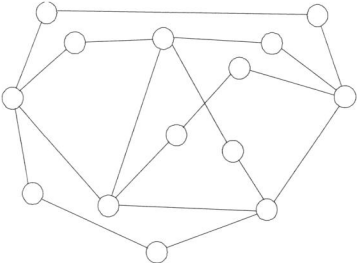

Bild 3.9: Graph, der durch Kontraktion von Kanten in den K_5 übergeht

---

Satz 3.3 (Kuratowski)
Ein Graph G ist genau dann planar, wenn weder K_5 noch $K_{3,3}$ ein Minor von G ist.

Mit ein wenig Überlegung sieht man schnell ein, dass ein Graph G sicher nicht planar ist, wenn er K_5 oder $K_{3,3}$ als Minor hat. Ist einer dieser Graphen ein Untergraph von G, so folgt die Aussage sofort. Es reicht aber auch schon, wenn G einen Untergraphen besitzt, der durch Ersetzen jeweils einer Kante des K_5 oder des $K_{3,3}$ durch einen Weg, der die Endknoten der Kante verbindet, entsteht. Diese Operation hat keinen Einfluss auf die planare Einbettbarkeit des Graphen, da sowohl Wege, die keine inneren Knoten gemeinsam haben, als Kanten überkreuzungsfrei verlaufen müssen.

Das Bild 3.9 zeigt einen Graphen, der auf diese Weise aus dem vollständigen Graphen K_5 hervorgegangen ist. Die Knoten vom Grade 4 sind die ursprünglichen Knoten des K_5. Durch Kontraktion von Kanten, die einen Endknoten vom Grade 2 haben, geht dieser Graph wieder in den K_5 über. Entfernen von Kanten und Kontraktion von Kanten sind aber gerade die Operationen, die zu Minoren eines Graphen führen. Der umgekehrte Schluss, dass ein Graph tatsächlich planar ist, wenn weder K_5 noch $K_{3,3}$ als Minor auftreten, ist weitaus schwieriger. Wir werden hier auf diesen Teil des Beweises verzichten.

Das Kriterium von Kuratowski ist zwar theoretisch elegant, jedoch für die Anwendung schlecht geeignet. Die Suche nach diesen beiden Minoren ist für größere Graphen mit einem extremen Aufwand verbunden. Praktisch werden Graphen algorithmisch auf Planarität getestet. Der beste dafür existierende Algorithmus schafft dies mit einem Zeitaufwand, der nur linear mit der Anzahl der Knoten wächst. Damit lassen sich auch Graphen mit tausenden Knoten schnell auf Planarität testen. Dieser Test wird zum Beispiel in dem Buch von Nishizeki und Chiba [19] ausführlich beschrieben.

3.3.3 Maximale Kantenzahl planarer Graphen

Eine weitere schöne Aussage aus der Eulerschen Polyederformel liefert eine
Beziehung zwischen Knotenanzahl und Kantenanzahl von planaren Graphen.
Das Verbot der Kantenüberkreuzungen schränkt die Höchstzahl von Kanten
für schlichte planare Graphen ein.

Folgerung 3.2 *Ein schlichter planarer Graph mit $n \geq 3$ Knoten besitzt
höchstens $3n - 6$ Kanten.*

Beweis: Es sei G ein schlichter planarer Graph mit $n \geq 3$ Knoten und mit
einer maximalen Anzahl von Kanten. Dann ist jede Fläche von G ein Dreieck. Andernfalls, wenn F eine Fläche mit mehr als drei Randkanten wäre,
könnte eine zusätzliche Kante, die zwei nichtadjazente Knoten des Randkrei-
ses der Fläche verbindet, ergänzt werden ohne die Planarität zu zerstören.
Einen planaren Graphen, dessen sämtliche Flächen Dreiecke sind, nennen wir
auch eine **Triangulation**. Die Anzahl der Kanten einer Triangulation erhalten wir wie folgt. Jede Fläche hat 3 Randkanten und jede Kante berandet
gleichzeitig 2 Flächen. Also gilt $3f = 2m$. Setzen wir $f = \dfrac{2}{3}m$ in die Eulersche
Polyederformel ein, so erhalten wir die Beziehung $m = 3n - 6$. $\square$

Im Gegensatz zu allgemeinen schlichten Graphen, in denen die Kantenzahl
quadratisch mit der Knotenzahl wachsen kann, nimmt gemäß dieser Folgerung die Kantenzahl in schlichten planaren Graphen höchstens linear mit der
Knotenzahl zu.

3.3.4 Knotengrade in planaren Graphen

Aus der Folgerung 3.2 erhalten wir auch eine Aussage über die Grade der
Knoten eines schlichten planaren Graphen. Angenommen, G ist ein schlichter
planarer Graph mit $n \geq 3$ Knoten, in dem alle Knoten den Grad 6 oder
größer besitzen. Dann muss G mindestens $3n$ Kanten besitzen. Dies folgt
daraus, dass von jedem Knoten wenigstens 6 Kanten ausgehen und eine Kante
genau zwei Endknoten besitzt. Aus der letzten Folgerung wissen wir aber,
dass ein schlichter planarer Graph höchstens $3n - 6$ Kanten besitzt. Folglich
war die Annahme, es gibt einen schlichten planaren Graphen, dessen Knoten
ausschließlich Grade größer 5 haben, falsch. Damit erhalten wir die folgende
Aussage.

Folgerung 3.3 *Jeder schlichte planare Graph besitzt mindestens einen Knoten v mit* $\deg v \leq 5$.

3.3.5 Platonische Körper

Kehren wir noch einmal zu den konvexen Polyedern zurück. Ein konvexes Polyeder heißt **regulär**, wenn alle seine Seitenflächen kongruente Vielecke sind und wenn an allen Ecken dieselben Winkel auftreten. Was folgt daraus für den planaren Graphen, der ein solches Polyeder repräsentiert? Die erste Forderung besagt, dass jede Fläche einer Einbettung dieses Graphen dieselbe Anzahl von Randkanten aufweist. Die zweite Forderung ist nur dann erfüllt, wenn alle Knotengrade des Graphen übereinstimmen – wenn der Graph regulär ist. Es sei nun $G = (V, E)$ ein regulärer planarer Graph mit $\deg v = k$ für alle Knoten $v \in V$. Alle Flächen von G seien von genau r Kanten berandet. Dann gilt

$$kn = 2m$$

und

$$rf = 2m.$$

Das Einsetzen dieser Beziehungen in die Eulersche Polyederformel liefert

$$\frac{2m}{k} + \frac{2m}{r} = m + 2$$

oder nach Division durch $2m$

$$\frac{1}{k} + \frac{1}{r} = \frac{1}{2} + \frac{1}{m}.$$

Tabelle 3.1: Reguläre Polyeder

Körper	n	m	k	r	f
Tetraeder	4	6	3	3	4
Würfel	8	12	3	4	6
Dodekaeder	20	30	3	5	12
Oktaeder	6	12	4	3	8
Ikosaeder	12	30	5	3	20

Wir suchen nun Lösungen dieser Gleichung, sodass k, r und m ganze Zahlen gleich oder größer 3 sind, denn von jeder Ecke müssen mindestens drei Kanten ausgehen und jede Fläche muss von mindestens drei Kanten berandet werden. Wenn $k = 3$ ist, kann r höchsten 5 sein, da andernfalls keine sinnvolle

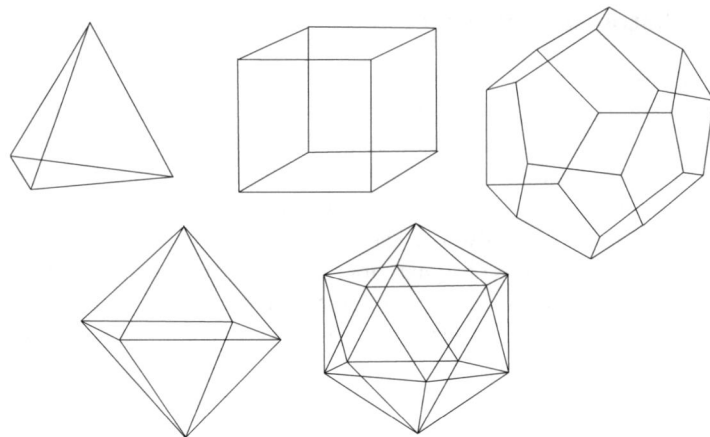

Bild 3.10: Platonische Körper

Lösung für m bleibt. Aus demselben Grunde verbleibt nur die Lösung $r = 3$, wenn $k = 4$ oder $k = 5$ gesetzt wird. Da die Gleichung symmetrisch in den Variablen k und r ist, sind dies auch schon alle Lösungen. Die Tabelle 3.1 gibt eine Übersicht über alle Lösungen. Diese regulären Polyeder waren schon den Griechen in der Antike bekannt. Sie heißen auch **Platonische Körper**. Bild 3.10 zeigt diese Körper.

3.4   Der duale Graph

Dualität ist ein Grundprinzip in der Mathematik, das unter anderem in der linearen Optimierung, in der Geometrie und in der Ordnungstheorie eine große Rolle spielt. Wenn zwei mathematische Strukturen dual zueinander sind, so gehen wahre Aussagen über die eine Struktur unmittelbar in duale wahre Aussagen über die andere Struktur über. Wir werden dieses Prinzip hier für planare Graphen nutzen. Es sei $G = (V, E)$ ein planarer Graph mit einer gegebenen Einbettung in die Ebene. Der **duale Graph** $G^* = (V^*, E^*)$ von G geht auf folgende Weise aus G hervor. In jeder Fläche von G wird ein Knoten von G^* platziert. Zwei Knoten werden in G^* durch genauso viele Kanten verbunden wie die entsprechenden Flächen von G gemeinsame Randkanten besitzen.

Bild 3.11 zeigt die Konstruktion des dualen Graphen. Wir sehen, dass sich der duale Graph so in die Ebene zeichnen lässt, dass jede Kante des Ausgangsgraphen von genau einer Kante des dualen Graphen geschnitten wird.

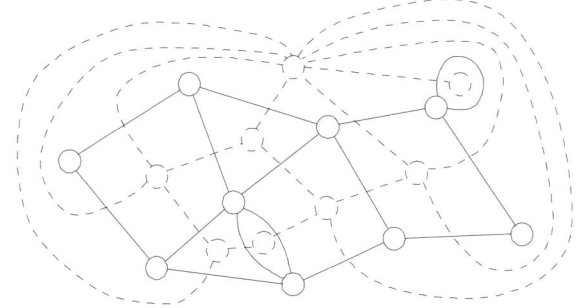

Bild 3.11: Ein planarer Graph und sein dualer Graph (gestrichelt)

Der duale Graph besitzt folglich dieselbe Kantenanzahl wie der Ausgangsgraph. Es seien n^*, m^* und f^* die Anzahl der Knoten, Kanten und Flächen von G^*. Dann gilt

$$n^* = f,$$
$$m^* = m,$$
$$f^* = n.$$

Der Grad eines Knotens von G ist gleich der Anzahl der Randkanten der diesen Knoten enthaltenden Fläche von G^*. Diese Aussage bleibt auch gültig, wenn wir die Rollen von G und G^* vertauschen. Wenn G ein regulärer planarer Graph ist, dessen Flächen alle von derselben Anzahl Kanten berandet werden, so hat auch G^* diese Eigenschaft. Folglich hat jeder Platonische Körper einen dualen Körper.

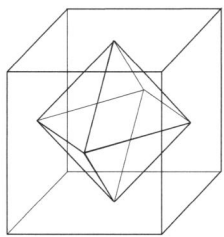

Bild 3.12: Dualität zwischen Würfel und Oktaeder

Das Bild 3.12 zeigt einen Würfel und seinen dualen Körper – den Oktaeder. Die Darstellung ist so gewählt, dass die Ecken des Oktaeders mit den Seitenmittelpunkten der Würfelflächen zusammenfallen.

Ein planarer Graph heißt **selbstdual**, wenn er zu seinem dualen Graphen isomorph ist. Der K_4, der das Kantengerüst eines Tetraeders darstellt, ist ein selbstdualer Graph. Der duale Graph des dualen Graphen eines planaren Graphen ist wieder der Ausgangsgraph, das heißt $(G^*)^* = G$.

Eine Brücke des Ausgangsgraphen erzeugt eine Schlinge im dualen Graphen. Ein Knoten vom Grade 2 im Ausgangsgraphen erzeugt ein paralleles Kantenpaar im dualen Graphen.

Duale Graphen werden später, im Zusammenhang mit Färbungen von Graphen, wichtige Anwendungen finden.

Aufgaben

3.1 Ist dieser Graph planar?

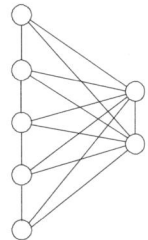

3.2 Gibt es ein konvexes Polyeder, dessen Seitenflächen ausschließlich Sechsecke sind? Hierbei wird nicht vorausgesetzt, dass von jeder Ecke dieses Körpers dieselbe Anzahl Kanten ausgeht.

3.3 Wie viele Kanten kann ein schlichter planarer Graph mit n Knoten höchstens besitzen, wenn dieser Graph kein Dreieck enthält?

3.4 Ist dieser Graph planar?

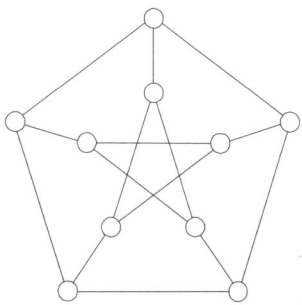

3.5 Es sei G ein schlichter planarer Graph mit $\delta(G) = 3$ (Minimalgrad), f Flächen, n Knoten und m Kanten. Zeigen Sie, dass die folgenden Ungleichungen gelten:

$$3f \leq 2m$$
$$m \leq 3f - 6$$
$$n + 4 \leq 2f$$

3.6 Ein konvexes Polyeder habe Seitenflächen, die ausschließlich regelmäßige Fünfecke und regelmäßige Sechsecke sind. Wie viele Fünfecke sind dabei?

3.7 Zeigen Sie mit dem Satz von Kuratowski, dass der Torus $T_{3,3} = C_3 \times C_3$ kein planarer Graph ist.

3.8 Gibt es einen planaren schlichten bipartiten Graphen mit 7 Knoten und 11 Kanten?

3.9 Überprüfen Sie für den dargestellten Polyeder die Gültigkeit der Eulerschen Polyederformel. Wie kann man das Ergebnis erklären?

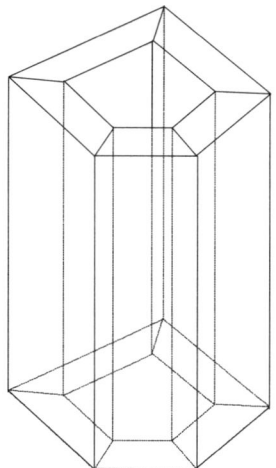

3.10 Finden Sie einen selbstdualen planaren Graphen mit fünf Knoten.

4 Unabhängige Knoten- und Kantenmengen

In der Wirtschaft taucht folgendes Problem auf. Eine Menge $A = \{a_1, \ldots, a_n\}$ von Aufträgen sollen ausgeführt werden. Jeder Auftrag benötigt für die Ausführung eine Teilmenge R_i aus einer Menge R von Ressourcen (zum Beispiel Baumaschinen). Zwei Aufträge können nur dann gleichzeitig ausgeführt werden, wenn sie nicht dieselben Ressourcen benötigen. Wie viele Aufträge können maximal gleichzeitig ausgeführt werden? Dieses Problem lässt sich sehr elegant durch einen Graphen modellieren. Wir wählen als Knoten die Elemente der Menge A – die Aufträge. Zwei Knoten a_i und a_j sind genau dann adjazent, wenn für die zugeordneten Mengen der Ressourcen $R_i \cap R_j \neq \emptyset$ gilt. Mit diesem Modell finden wir nun, dass zwei Aufträge genau dann simultan ausführbar sind, wenn die zugeordneten Knoten im Graphen nicht adjazent sind. Wir suchen also eine maximale Menge von Knoten mit der Eigenschaft, dass keine zwei dieser Knoten durch eine Kante verbunden sind. Eine Knotenmenge mit dieser Eigenschaft heißt auch unabhängig. Wir werden Eigenschaften unabhängiger Knotenmengen im ersten Abschnitt dieses Kapitels genauer untersuchen.

Ein ganz anderes Problem begegnet uns bei der Stunden- und Raumplanung. In einer großen Schule sei $K = \{k_1, \ldots, k_n\}$ die Menge der Schulklassen und $R = \{r_1, \ldots, r_m\}$ die Menge der Schulräume. Nun ist zu einer gegebenen Zeit natürlich nicht jeder Raum für jede Klasse geeignet. Wenn diese Klasse zum Beispiel Chemieunterricht erhalten soll, so gibt es vielleicht nur ein oder zwei geeignete Räume. Wir stellen dieses Problem durch einen bipartiten Graphen dar, dessen Knotenmengen gerade die beiden Mengen K und R sind. Eine Kante von einem Knoten k_i zu einem Knoten r_j zeigt an, dass der Raum r_j für die Klasse k_i geeignet ist. Wenn wir möglichst viele Klassen in die richtigen Räume schicken möchten, ist hier eine maximale Kantenmenge gesucht, sodass keine zwei Kanten dieser Menge einen gemeinsamen Endknoten besitzen. Ein gemeinsamer Endknoten in K würde bedeuten, dass eine Klasse gleichzeitig in zwei Räume geht. Ein gemeinsamer Endknoten von zwei Kanten in R zeigt uns an, dass der entsprechende Raum gleichzeitig von zwei Klassen besucht wird. Beide Fälle sind unerwünscht. Eine solche Kantenmenge, die keine gemeinsamen Endknoten aufweist, heißt ein Matching des Graphen. Matchings werden uns im zweiten Abschnitt intensiver beschäftigen.

Viele weitere interessante Anwendungen von unabhängigen Knotenmengen und Matchings in Graphen findet der interessierte Leser in Papadimitriou und Steiglitz [20] sowie in Lawler [17].

4.1   Unabhängige Knotenmengen

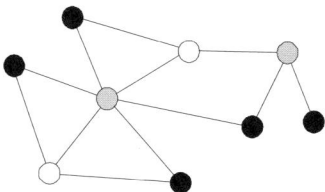

Bild 4.1: Gesättigte (grau) und maximale (schwarz) unabhängige Knotenmenge

Es sei $G = (V, E)$ ein Graph. Eine Knotenteilmenge $X \subseteq V$ heißt **unabhängig**, wenn keine zwei Knoten dieser Menge adjazent in G sind. Eine unabhängige Knotenmenge X von G ist **gesättigt**, wenn keine unabhängige Knotenmenge Y von G existiert, die X echt enthält. Zu einer gesättigten unabhängigen Menge können wir keinen weiteren Knoten hinzunehmen, ohne die Eigenschaft der Unabhängigkeit zu zerstören. Eine **maximale** unabhängige Menge ist eine unabhängige Knotenmenge maximaler Mächtigkeit von G. Die beiden Begriffe gesättigte und maximale unabhängige Knotenmenge fallen in der Tat nicht zusammen. Betrachten wir dazu das Bild 4.1. Es zeigt den Unterschied dieser beiden Definitionen an einem Beispielgraphen.

4.1.1   Die Unabhängigkeitszahl

Die **Unabhängigkeitszahl** $\alpha(G)$ eines Graphen G ist die Mächtigkeit einer maximalen unabhängigen Knotenmenge von G. Wenn G aus den Komponenten $G_1, ..., G_k$ besteht, so gilt

$$\alpha(G) = \sum_{i=1}^{k} \alpha(G_i).$$

In diesem Falle ist eine maximale unabhängige Knotenmenge von G die Vereinigung maximaler unabhängiger Knotenmengen der Komponenten von G. Für einige spezielle Graphen lässt sich die Unabhängigkeitszahl sehr leicht bestimmen. Im vollständigen Graphen sind je zwei Knoten adjazent. Folglich enthält eine maximale unabhängige Knotenmenge nur einen Knoten – es gilt $\alpha(K_n) = 1$. In einem Weg P_n finden wir eine maximale unabhängige Knotenmenge, indem wir von einem Ende des Weges ausgehend, jeden zweiten

Knoten wählen. Wir erhalten

$$\alpha(P_n) = \left\lceil \frac{n}{2} \right\rceil$$

$$= \begin{cases} \dfrac{n}{2}, \text{ falls } n \text{ gerade ist,} \\ \dfrac{n+1}{2}, \text{ falls } n \text{ ungerade ist.} \end{cases}$$

Hierbei bezeichnet $\lceil x \rceil$ für eine beliebige reelle Zahl x die kleinste ganze Zahl, die gleich oder größer als x ist. Für den Kreis C_n gilt

$$\alpha(C_n) = \left\lfloor \frac{n}{2} \right\rfloor.$$

Für die Bestimmung der Unabhängigkeitszahl in beliebigen Graphen ist der folgende Satz sehr hilfreich.

Satz 4.1
Es sei $G = (V, E)$ ein Graph und $v \in V$. Die Menge aller Nachbarknoten von v in G einschließlich v selbst sei $N(v)$. Dann gilt

$$\alpha(G) = \max\{\alpha(G - v),\ \alpha(G - N(v)) + 1\}.$$

Beweis: Es sei $X \subseteq V$ eine maximale unabhängige Knotenmenge von G. Somit gilt $\alpha(G) = |X|$. Wir wählen einen Knoten $v \in V$. Für den Knoten v gibt es bezüglich der Zugehörigkeit zur Knotenmenge X genau zwei Möglichkeiten. Gilt $v \notin X$, so folgt $\alpha(G) = \alpha(G - v)$. Wenn aber $v \in X$ gilt, so kann keiner der Nachbarknoten von v ebenfalls in X liegen, da X eine unabhängige Menge ist. Folglich müssen dann alle weiteren Knoten aus X im Graphen $G - N(v)$ liegen. Damit gilt in diesem Falle $\alpha(G) = \alpha(G - N(v)) + 1$. $\square$

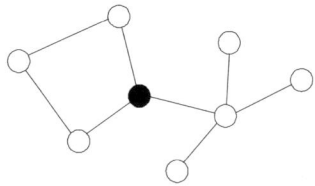

Bild 4.2: Bestimmung der Unabhängigkeitszahl

Für die Bestimmung der Unabhängigkeitszahl des Beispielgraphen aus Bild 4.2 wählen wir den schwarzen Knoten als Knoten v. Der Graph $G - v$ besteht dann aus zwei Komponenten, nämlich einem Weg mit drei Knoten und dem

Stern $S_3 = K_{1,3}$. Für den Weg gilt $\alpha(P_3) = 2$; im Stern bilden die drei Knoten vom Grade 1 eine maximale unabhängige Menge, sodass $\alpha(S_3) = 3$ folgt. Damit erhalten wir

$$\alpha(G - v) = \alpha(P_3) + \alpha(S_3) = 5.$$

Der Graph $G - N(v)$ besteht aus vier isolierten Knoten und somit gilt $\alpha(G - N(v)) = 4$. Damit folgt

$$\begin{aligned}
\alpha(G) &= \max\{a(G - v),\ \alpha(G - N(v)) + 1\} \\
&= \max\{5,\ 4 + 1\} \\
&= 5.
\end{aligned}$$

Direkt aus der Definition der unabhängigen Knotenmenge erhalten wir die folgende Aussage.

Folgerung 4.1 *Ein Graph $G = (V, E)$ ist genau dann bipartit, wenn sich seine Knotenmenge V in zwei unabhängige Knotenteilmengen X und $V \setminus X$ zerlegen lässt.*

Etwas mehr Überlegung ist notwendig, um die folgende Aussage einzusehen.

Satz 4.2
Es sei $G = H \times K$ der Produktgraph der Graphen H und K. Dann gilt

$$\alpha(G) \geq \alpha(H)\, \alpha(K).$$

Beweis: Es seien $H = (V, E)$ und $K = (W, F)$ die beiden Graphen, $X \subseteq V$ sei eine unabhängige Knotenmenge von H und $Y \subseteq W$ sei eine unabhängige Knotenmenge von K. Dann ist auch die Knotenmenge

$$X \times Y = \{(v, w) : v \in V,\ w \in W\}$$

eine unabhängige Knotenmenge von $H \times K$, da zwei Knoten (v_1, w_1) und (v_2, w_2) dieses Graphen nur dann adjazent sein können, wenn v_1 und v_2 in H oder w_1 und w_2 in K adjazent sind. Wählen für X und Y maximale unabhängige Knotenmengen von H beziehungsweise K, so folgt die Aussage des Satzes. $\square$

Das Bild 4.3 zeigt uns, dass die Ungleichung in Satz 4.2 manchmal nur eine sehr vage Schranke liefert. Im Gitter $P_4 \times P_5$ finden wir eine unabhängige Knotenmenge der Mächtigkeit 10. Andererseits gilt $\alpha(P_4) = 2$ und $\alpha(P_5) = 3$, sodass der Satz hier nur $\alpha(G) \geq 6$ liefert.

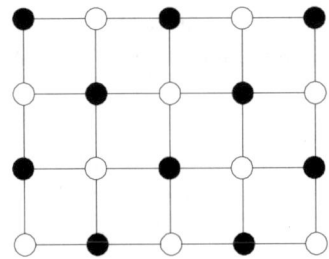

Bild 4.3: Eine maximale unabhängige Menge im Gitter $P_4 \times P_5$

4.1.2 Cliquen

Eine **Clique** eines Graphen G ist ein vollständiger Untergraph von G. Die **Cliquenzahl** $\omega(G)$ ist die maximale Mächtigkeit einer Clique von G. Es sei $G = (V, E)$ ein schlichter Graph und $X \subseteq V$ die Knotenmenge einer Clique von G. Dann bildet X im Komplementärgraphen $\bar{G}$ eine unabhängige Knotenmenge. Das Bild 4.4 verdeutlicht diesen Sachverhalt. Folglich gilt auch

$$\omega(G) = \alpha(\bar{G}).$$

Die Bestimmung der Cliquenzahl eines Graphen kann auf diese Weise auf die Berechnung der Unabhängigkeitszahl zurückgeführt werden.

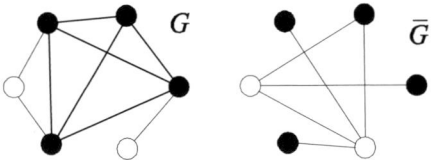

Bild 4.4: Eine Clique in G erzeugt eine unabhängige Menge in $\bar{G}$

4.1.3 Die Überdeckungszahl

Eine **Knotenüberdeckung** ist eine Knotenmenge $X \subseteq V$ eines Graphen $G = (V, E)$, die einen Endknoten jeder Kante aus E enthält. Folglich besitzt der Graph $G - X$ keine Kanten, wenn X eine Knotenüberdeckung von G ist. Eine Knotenüberdeckung von G heißt **minimal**, wenn keine andere Knoten-überdeckung von G weniger Kanten besitzt. Die Anzahl $\beta(G)$ der Knoten einer minimalen Knotenüberdeckung von G nennen wir die **Überdeckungs-zahl** von G.

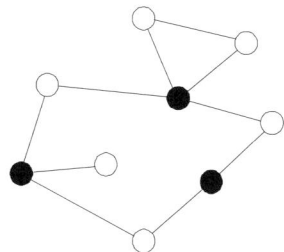

Bild 4.5: Eine Knotenüberdeckung

Das Bild 4.5 zeigt eine minimale Knotenüberdeckung eines Graphen.

Satz 4.3

Eine Knotenteilmenge $X \subseteq V$ eines Graphen $G = (V, E)$ ist genau dann unabhängig, wenn die Menge $V \smallsetminus X$ eine Knotenüberdeckung von G ist.

Beweis: Es sei X eine unabhängige Knotenmenge von G. Dann besitzt X von jeder Kante von G höchstens einen Endknoten. Folglich enthält die Menge $V \smallsetminus X$ einen Endknoten von jeder Kante von G und bildet somit eine Knotenüberdeckung. Ist umgekehrt X eine Knotenüberdeckung von G, so kann jede Kante von G höchstens einen Endknoten in $V \smallsetminus X$ haben. Damit ist $V \smallsetminus X$ eine unabhängige Menge. $\square$

Als unmittelbare Folge aus diesem Satz erhalten wir die Beziehung

$$\alpha(G) + \beta(G) = n$$

zwischen der Unabhängigkeitszahl und der Überdeckungszahl eines Graphen.

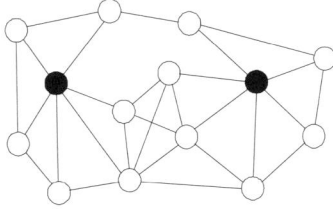

Bild 4.6: Eine minimale dominierende Knotenmenge

Ein gewisses Gegenstück zu einer unabhängigen Knotenmenge ist eine (im Bild 4.6 dargestellte) **dominierende Knotenmenge**. Das ist eine Knotenteilmenge $X \subseteq V$ eines Graphen $G = (V, E)$, sodass jeder Knoten aus $V \smallsetminus X$

zu einem Knoten aus X adjazent ist. Die **Dominationszahl** $\sigma(G)$ eines Graphen ist die Mächtigkeit einer minimalen dominierenden Knotenmenge. Das Bild 4.6 zeigt eine minimale dominierende Knotenmenge in einem Graphen.

4.2 Matchings

Es sei $G = (V, E)$ ein Graph. Eine Kantenteilmenge $F \subseteq E$ heißt ein **Matching** (oder eine **unabhängige Kantenmenge**) von G, wenn keine zwei Kanten aus F einen gemeinsamen Endknoten besitzen. Eine Schlinge gehört nie zu einem Matching und von zwei parallelen Kanten kann höchstens eine in einem Matching liegen. Wir werden deshalb im Folgenden annehmen, dass die hier betrachteten Graphen schlicht sind.

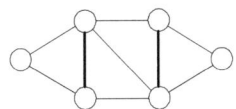

Bild 4.7: Gesättigtes Matching

Ein Matching F heißt **gesättigt**, wenn kein weiteres Matching von G das Matching F als echte Teilmenge enthält. Ein **maximales** Matching ist ein Matching mit maximaler Kantenanzahl. Ein Knoten $v \in V$ des Graphen $G = (V, E)$ heißt bezüglich eines Matchings $F \subseteq E$ **gesättigt**, wenn dieser Knoten Endknoten einer Kante des Matchings F ist. Ein Matching, das alle Knoten eines Graphen sättigt, heißt **perfekt**.

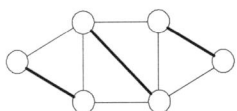

Bild 4.8: Perfektes Matching

Bild 4.7 zeigt ein gesättigtes, jedoch nicht maximales Matching. Bild 4.8 zeigt ein maximales Matching, das auch perfekt ist. Ein maximales Matching ist immer gesättigt, ein perfektes Matching ist immer maximal. Da jede Matchingkante genau zwei Knoten sättigt, kann ein Graph nur dann ein perfektes Matching besitzen, wenn er eine gerade Anzahl Knoten besitzt.

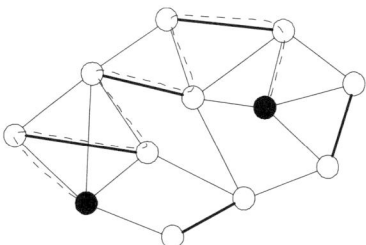

Bild 4.9: Ein erweiternder Weg

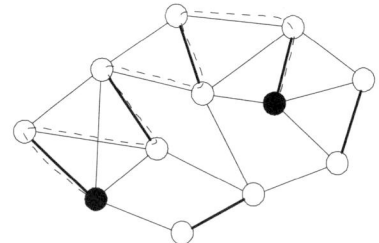

Bild 4.10: Die Erweiterung des Matchings

4.2.1 Alternierende Wege – der Satz von Berge

Es sei $G = (V, E)$ ein Graph mit einem gegebenen Matching $F \subseteq E$. Ein Weg P in G, der in einem ungesättigten Knoten beginnt, heißt **alternierend**, wenn beim Durchlaufen des Weges abwechselnd Kanten aus $E \setminus F$ und aus F auftreten. Ein alternierender Weg heißt **erweiternd**, wenn der Anfangs- und Endknoten des Weges ungesättigt bezüglich F sind. Das Bild 4.9 zeigt einen erweiternden Weg (gestrichelt dargestellt) bezüglich eines Matchings (durch fette Kanten dargestellt), der zwei ungesättigte (schwarz gefärbte) Knoten verbindet. Der Name erweiternder Weg deutet darauf hin, dass dieser Weg tatsächlich zu einer Erweiterung des Matchings genutzt werden kann. Dazu genügt es, alle Matchingkanten und Nichtmatchingkanten entlang dieses Weges zu vertauschen. Bild 4.10 zeigt das Ergebnis dieser Operation für den Beispielgraphen aus Bild 4.9. Wir sehen, dass das Matching nun eine Kante mehr als vorher besitzt. Offensichtlich ist ein Matching F in G nicht maximal, wenn G einen erweiternden Weg bezüglich F aufweist. Der französische Mathematiker CLAUDE BERGE entdeckte, dass auch die Umkehrung zutrifft.

Satz 4.4 (Berge)
Ein Matching F in einem Graphen G ist genau dann maximal, wenn G keinen erweiternden Weg bezüglich F besitzt.

Beweis: Wenn G einen erweiternden Weg bezüglich F besitzt, so lässt sich das Matching mit dem oben beschriebenen Verfahren vergrößern. Es bleibt also zu zeigen, dass ein Matching F von G maximal ist, wenn G keinen erweiternden Weg bezüglich F besitzt.

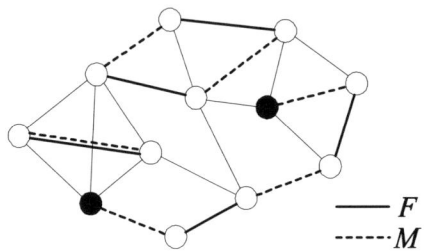

$$\begin{array}{l}\text{——} \ F \\ \text{-----}\ M\end{array}$$

Bild 4.11: Zum Beweis des Satzes von Berge

Es sei G ein Graph mit dem Matching F und es existiere kein erweiternder Weg bezüglich F in G. Weiterhin sei M ein maximales Matching von G. Wir betrachten die Kantenmenge

$$F \bigtriangleup M = (F \setminus M) \cup (M \setminus F)$$
$$= (F \cup M) \setminus (F \cap M).$$

Wie sieht der Graph H aus, der nur aus den Kanten der Menge $F \bigtriangleup M$ und den Endknoten dieser Kanten besteht? In H kann es keinen Knoten vom Grade 3 oder größer geben, da in einem Matching jeder Knoten den Grad 1 hat. Folglich besteht H aus Komponenten, die entweder Kreise oder Wege sind. Wenn eine Komponente ein Kreis ist, so ist die Anzahl der Kanten dieses Kreises gerade, da dann abwechselnd Kanten aus M und F auftreten müssen. Das Bild 4.11 zeigt uns, dass auch kein Weg ungerader Länge als Komponente von H auftreten kann, da andernfalls ein erweiternder Weg für F oder für M entstehen würde. Beides ist nicht möglich, denn bezüglich F besteht kein solcher Weg laut Voraussetzung und M ist maximal. Somit verbleiben nur Wege gerader Länge, die abwechselnd Kanten aus F und aus M enthalten. Folglich haben alle Komponenten von H ebenso viele Kanten aus F wie aus M. Es gibt aber auch Matchingkanten von F, die nicht in H liegen. Diese gehören aber dann dem Durchschnitt $F \cap M$ an, da die Kantenmenge von H

gleich $(F \cup M) \setminus (F \cap M)$ ist. Folglich gilt $|F| = |M|$, das heißt F ist ebenfalls maximal. $\square$

Dieser Satz liefert den Schlüssel zu Algorithmen für die Bestimmung maximaler Matchings. Solche Algorithmen suchen gezielt nach erweiternden Wegen in einem Graphen. Der interessierte Leser findet eine ausführliche Beschreibung von Algorithmen zur Bestimmung maximaler Matchings in dem Buch von Gondran und Minoux [12].

4.2.2 Der Satz von König

Ein weiterer wichtiger Satz über Matchings wurde von dem ungarischen Mathematiker DENES KOENIG (1884 – 1944) gefunden. Um diesen Satz zu formulieren, erinnern wir zunächst an die Definition einer Knotenüberdeckung. Es sei $G = (V \cup W, E)$ ein bipartiter Graph, sodass alle Kanten aus E jeweils genau einen Endknoten in V und in W haben. Eine Knotenteilmenge $X \subseteq V \cup W$ heißt eine Knotenüberdeckung von G, wenn jede Kante aus E wenigstens einen Endknoten in X hat. Es sei F ein Matching von G und X eine Knotenüberdeckung. Da X von jeder Kante und damit insbesondere von jeder Matchingkante einen Endknoten enthält, gilt $|X| \geq |F|$. Die Anzahl der Knoten einer Knotenüberdeckung ist folglich mindestens so groß wie die Anzahl der Kanten eines maximalen Matchings von G.

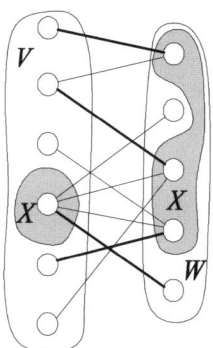

Bild 4.12: Zum Satz von König

Es sei nun F ein Maximummatching von G. Wir bilden eine Knotenteilmenge X, indem wir von jeder Kante aus F genau einen Endknoten nach folgendem Verfahren auswählen. Es sei $e = \{v, w\}$ eine Kante aus F. Wenn in w ein in V beginnender alternierender Weg endet, so sei $w \in X$, andernfalls $v \in X$. Das Bild 4.12 zeigt diese Konstruktion an einem Beispiel.

Es sei nun $e = \{s, t\}$ eine Kante von G, die nicht in F liegt. Wir werden sehen, dass ein Endknoten von e in X liegt. Wenn $e \notin F$ gilt, so gibt es ein Kante des Matchings F, die einen der Endknoten s oder t besitzt. Andernfalls könnte F durch Hinzunahme von e erweitert werden, was aber bei einem Maximummatching nicht möglich ist. Ist nur t ein Endknoten einer Matchingkante, so gilt $t \in X$, da dann e einen alternierenden Weg bildet, der in t endet. Ist s Endknoten einer Kante $f = \{s, y\}$ aus F, so gilt $s \notin X$, falls in y ein alternierender Weg endet. Dann kann dieser Weg aber durch f und e zu einem alternierenden Weg verlängert werden, der in t endet. Da dann auch t gesättigt sein muss, gilt $t \in X$. Folglich enthält X einen Endknoten von *jeder* Kante aus G. Dieses Ergebnis lässt sich im folgenden Satz zusammenfassen.

Satz 4.5 (König)
Die Mächtigkeit einer minimalen Knotenüberdeckung eines bipartiten Graphen G ist gleich der Mächtigkeit eines Maximummatchings von G.

Dieser Satz besitzt viele wichtige Anwendungen, auf die wir teilweise später bei der Untersuchung des höheren Zusammenhanges (siehe Satz 6.1) zurückkommen.

4.3   Der Kantengraph

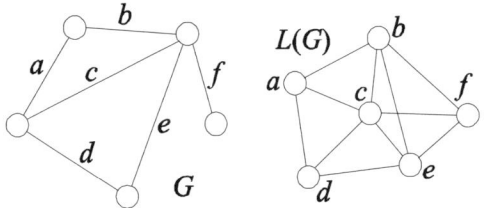

Bild 4.13: Ein Graph und sein Kantengraph

Es sei $G = (V, E)$ ein Graph. Der **Kantengraph** $L(G)$ des Graphen G hat die Knotenmenge E, das heißt die Kanten von G bilden die Knotenmenge des Kantengraphen. Zwei Knoten sind genau dann adjazent in $L(G)$, wenn die entsprechenden Kanten von G einen gemeinsamen Endknoten besitzen. Die Bezeichnung $L(G)$ stammt vom englischen Begriff **line graph**. Das Bild 4.13 zeigt einen Graphen zusammen mit seinem Kantengraphen. Nach dieser Konstruktion lässt sich für jeden gegebenen Graphen G ein Kantengraph

$L(G)$ bestimmen. Umgekehrt kann jedoch nicht für jeden Graphen H ein Graph G gefunden werden, sodass H der Kantengraph von G ist. So ist zum Beispiel der Stern $S_3 = K_{1,3}$ kein Kantengraph eines Graphen.

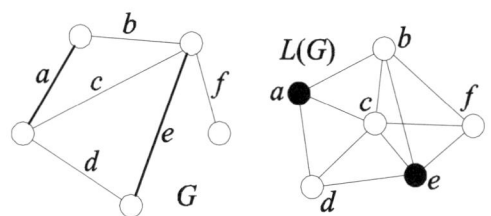

Bild 4.14: Matchings und unabhängige Knotenmengen

Wir betrachten nun einen Graphen $G = (V, E)$ und ein Matching F von G. Dann bilden die Knoten des Kantengraphen $L(G)$, die den Kanten des Matchings F entsprechen, eine unabhängige Knotenmenge von $L(G)$. Da zwei Matchingkanten keinen gemeinsamen Endknoten in G besitzen, können die diesen Matchingkanten zugeordneten Knoten von $L(G)$ nicht adjazent sein. Bild 4.14 zeigt einen Graphen mit einem Matching und den zugehörigen Kantengraphen mit der dem Matching entsprechenden unabhängigen Knotenmenge. Wir erhalten damit eine wichtige Folgerung.

Folgerung 4.2 *Die Mächtigkeit eines maximalen Matchings eines Graphen G ist die Unabhängigkeitszahl $a(L(G))$ des Kantengraphen $L(G)$.*

4.4 Faktoren

Ein r-**Faktor** eines Graphen G ist ein r-regulärer Untergraph von G. Ein 1-Faktor ist folglich ein perfektes Matching. Ein 2-Faktor besteht ausschließlich aus Kreisen. Eine Zerlegung der Kantenmenge eines Graphen in Faktoren heißt auch eine **Faktorisierung** des Graphen. Eine r-**Faktorisierung** von G ist eine Zerlegung des Graphen G in r-Faktoren. Das Bild 4.15 auf der nächsten Seite zeigt eine 2-Faktorisierung eines 4-regulären Graphen.

Eine solche Zerlegung von G ist sicher nur dann möglich, wenn G ein regulärer Graph vom Grade kr für eine natürliche Zahl k ist. Eine 1-Faktorisierung eines Graphen G ist eine Zerlegung von G in disjunkte perfekte Matchings. Ein Graph kann folglich nur dann eine 1-Faktorisierung besitzen, wenn er

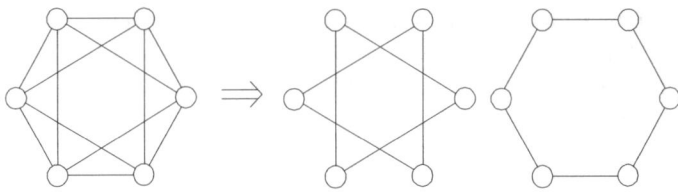

Bild 4.15: Eine 2-Faktorisierung

eine gerade Knotenzahl besitzt. Diese Bedingung ist jedoch nicht hinreichend. Zumindest für vollständige Graphen gibt es ein positives Resultat.

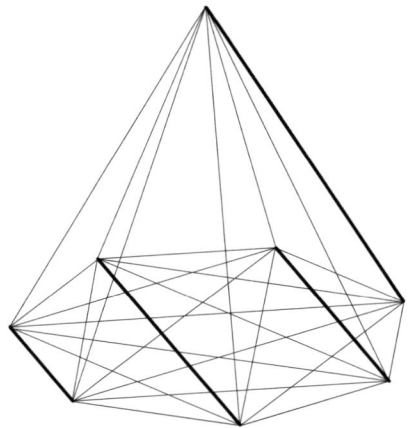

Bild 4.16: Zum Beweis der 1-Faktorisierung des K_{2n}

Satz 4.6
Jeder vollständige Graph mit $2n$ Knoten besitzt eine 1-Faktorisierung.

Beweis: Der Beweis dieses Satzes verwendet Ideen aus der Geometrie. Wir stellen uns die Knoten des vollständigen Graphen K_{2n} als Eckpunkte einer geraden Pyramide mit einem regulären $(2n-1)$-Eck als Grundfläche vor. Die Kanten der Pyramide und die Diagonalen der Grundfläche entsprechen dann den Kanten des vollständigen Graphen. Das Bild 4.16 zeigt eine Pyramide mit siebenseitiger Grundfläche, die den vollständigen Graphen K_8 repräsentiert. Wir wählen nun eine beliebige Seite der Grundfläche. Diese Kante der Pyramide bildet die erste Kante eines perfekten Matchings des K_{2n}. Die weiteren Kanten des Matchings entsprechen den Diagonalen der Grundfläche, die parallel zur gewählten Seite der Grundfläche verlaufen. Da die Grundfläche stets eine ungerade Eckenanzahl besitzt, bleibt eine Ecke frei. Die von dieser freien Ecke zur Spitze der Pyramide verlaufende Kante sei ebenfalls eine Kante des Matchings. Im Bild 4.16 ist ein solches perfektes Matching fett dargestellt. Eine Drehung um den Winkel $\dfrac{2k\pi}{2n-1}$ ($k = 1, \ldots, 2n-2$) bezüglich einer Drehachse durch den Mittelpunkt der Grundfläche und die Spitze der Pyramide überführt die Pyramide in sich selbst. Das gewählte perfekte Matching geht jedoch jeweils in ein neues Matching über. Diese Matchings besitzen keine gemeinsamen Kanten. Ihre Gesamtheit bildet folglich eine 1-Faktorisierung des Graphen K_{2n}. $\square$

Aufgaben

4.1 Welche Unabhängigkeitszahl besitzt der Würfel Q_n?

4.2 Wie viele Kanten kann ein schlichter Graph $G = (V, E)$ mit $|V| = 12$ und $\alpha(G) = 4$ maximal besitzen?

4.3 Welche Dominationszahl besitzt der vollständige bipartite Graph $K_{m,n}$ für $m > 1$ und $n > 1$?

4.4 Bestimmen Sie eine maximale unabhängige Knotenmenge in dem dargestellten Baum.

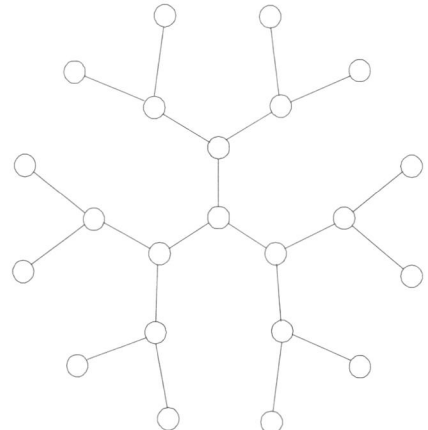

4.5 Für einen Graphen G mit n Knoten gilt $\omega(G) = k$. Welche Unabhängigkeitszahl kann G höchstens besitzen?

4.6 Unter welcher Voraussetzung besitzt der Gittergraph $P_m \times P_n$ ein perfektes Matching?

4.7 Wie viele Knoten und Kanten besitzt der Kantengraph $L(K_n)$ eines vollständigen Graphen mit n Knoten?

4.8 Bestimmen Sie für den dargestellten Graphen

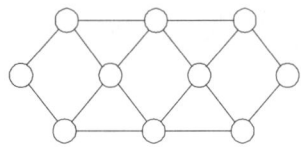

(a) ein Maximummatching,

(b) eine maximale unabhängige Knotenmenge,

(c) eine minimale Knotenüberdeckung,

(d) eine minimale dominierende Knotenmenge.

4.9 Zeichnen Sie einen schlichten Graphen G mit 6 Knoten, $\beta(G) = 4$ und $\omega(G) = 3$.

5 Färbungen von Graphen

Der Mathematiker und Botaniker Francis Gutherie entdeckte 1852 beim Färben einer englischen Landkarte, dass vier Farben reichten, um diese Landkarte so zu färben, dass nie zwei Länder mit einem gemeinsamen Grenzverlauf gleichfarbig waren. Er probierte dies mit anderen Karten und stellte fest, dass auch dort stets vier Farben reichten. Er vermutete, dass dies für alle Landkarten der Fall sei. Frederick Gutherie, der Bruder von Francis Gutherie, berichtete seinem Lehrer, dem bekannten Mathematiker Augustus de Morgan, vom **Vier-Farben-Problem**. Über einige weitere bekannte Mathematiker (u.a. Hamilton und Cayley) gelangte das Problem schließlich zu Alfred Bray Kempe, einem Juristen. Im Jahre 1879 legte Kempe dann den Beweis des Vier-Farben-Problems vor. Dieser wird allgemein anerkannt, bis 1890 Percy John Heawood zeigt, dass der „Beweis" von Kempe ein Trugschluss ist. Viele bedeutende Mathematiker beschäftigten sich mit dem Vier-Farben-Problem. Der endgültige Beweis konnte jedoch erst 1976 von Kenneth Appel und Wolfgang Haken erbracht werden.

Was hat dies alles mit Graphentheorie zu tun? Das Vier-Farben-Problem war in der Tat die entscheidende Triebkraft für die Entwicklung der Graphentheorie (siehe dazu auch Aigner [1]). Auf dem Wege zu seiner Lösung wurden viele interessante Ergebnisse gefunden. Eine Landkarte lässt sich als planarer Graph darstellen. Ein Färbung der Landkarte, die den oben angegebenen Bedingungen genügt, entspricht im dualen Graphen einer zulässigen Knotenfärbung, wie sie im folgenden Abschnitt definiert wird. Damit ist das Vier-Farben-Problem tatsächlich ein Problem in planaren Graphen. Es ist in seiner Formulierung für jeden Laien verständlich, jedoch in seiner Lösung so schwer, dass die besten Mathematiker über einhundert Jahre daran arbeiteten.

Färbungen von Graphen sind jedoch auch heute ein praktisch wichtiges Thema. Sie haben Anwendungen in der Projektplanung, für die Frequenzplanung von Mobilfunknetzen und für viele weitere Probleme der kombinatorischen Optimierung.

5.1 Grundlagen

5.1.1 Zulässige Färbungen

Im Folgenden sei $G = (V, E)$ ein ungerichteter Graph mit der Knotenmenge V und der Kantenmenge E. Eine **Färbung der Knoten** von G ist eine

Zuordnung von Farben aus einer gegebenen Menge von x Farben zu den Knoten des Graphen. Eine Färbung heißt **zulässig**, wenn wir die Knoten eines Graphen mit x Farben derart färben, dass niemals adjazente Knoten gleichfarbig sind. Nach dieser Definition besitzt ein Graph, der Schlingen enthält, keine zulässige Färbung. Wir können eine zulässige Färbung mit x Farben auch als eine Abbildung $\phi : V \to \{1, ..., x\}$, wobei $\phi(v) \neq \phi(w)$ falls v und w adjazente Knoten von G sind, betrachten. Die Anzahl der zulässigen Färbungen eines Graphen G mit x Farben ändert sich offenbar nicht, wenn alle parallelen Kanten von G durch einfache Kanten ersetzt werden. Wir betrachten deshalb im Folgenden nur schlichte Graphen.

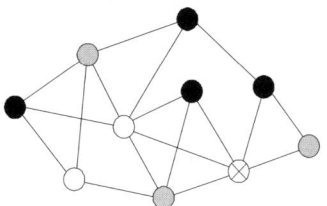

Bild 5.1: Zulässige Färbung

5.1.2   Die chromatische Zahl

Die minimale Anzahl von Farben, für die der Graph G eine zulässige Färbung besitzt, heißt **chromatische Zahl** von G. Die chromatische Zahl von G bezeichnen wir mit $\chi(G)$. Das Bild 5.1 zeigt eine zulässige Färbung eines Graphen. Dieser Graph besitzt die chromatische Zahl 4. Dass die chromatische Zahl nicht größer als vier ist, folgt aus der vorliegenden Färbung mit vier Farben. Wir überprüfen leicht, dass diese Färbung tatsächlich zulässig ist. Die chromatische Zahl des im Bild 5.1 dargestellten Graphen kann jedoch auch nicht kleiner als 4 sein, da dieser Graph eine Clique mit vier Knoten enthält.

Die chromatische Zahl ist nur für Graphen mit leerer Kantenmenge gleich 1. Für jeden Graphen mit n Knoten gilt

$$1 \leq \chi(G) \leq n.$$

Wenn der Graph G aus den Komponenten $G_1, ..., G_c$ besteht, so gilt

$$\chi(G) = \max_{1 \leq k \leq c} \chi(G_k).$$

In diesem Falle wird die chromatische Zahl von der Komponente bestimmt, die für eine zulässige Färbung die größte Anzahl von Farben benötigt. Für einige spezielle Graphen lässt sich die chromatische Zahl sehr leicht bestimmen. Für den vollständigen Graphen K_n gilt $\chi(K_n) = n$, da alle Knoten unterschiedlich gefärbt sein müssen. Für einen Baum T gilt hingegen $\chi(T) = 2$. Wir können eine zulässige Färbung eines Baumes mit zwei Farben sehr einfach konstruieren. Wir färben zunächst willkürlich einen Knoten des Baumes rot. Im nächsten Schritt färben wir alle Nachbarn des roten Knotens grün. Die nun noch nicht gefärbten Nachbarn der grünen Knoten sind zu keinem roten Knoten adjazent. Sie können folglich wieder rot gefärbt werden. Dieser Prozess lässt sich alternierend mit den Farben grün und rot fortsetzen bis alle Knoten des Baumes gefärbt sind.

Die chromatische Zahl eines Kreises kann zwei Werte annehmen:

$$\chi(C_n) = \begin{cases} 2, \text{ falls } n \text{ gerade ist} \\ 3, \text{ falls } n \text{ ungerade ist} \end{cases}$$

Wenn G ein Graph mit $\chi(G) = 2$ ist, so können wir die Knoten zum Beispiel mit den Farben rot und blau zulässig färben. Dann sind niemals zwei rot gefärbte Knoten adjazent. Das trifft ebenfalls für die blau gefärbten Knoten zu. Folglich ist G ein bipartiter Graph, dessen Knotenmenge in die „roten Knoten" und in die „blauen Knoten" zerfällt. Umgekehrt kann man auch jeden bipartiten Graphen mit zwei Farben zulässig färben. Folglich besitzt ein Graph mit nichtleerer Knotenmenge genau dann die chromatische Zahl 2, wenn er ein bipartiter Graph ist.

5.1.3 Schranken für die chromatische Zahl

Wir nutzen nun den Minimalgrad $\delta(G) = \min\{\deg v : v \in V(G)\}$ zur Bestimmung einer Schranke für die chromatische Zahl. Den gesuchten Zusammenhang zwischen dem Minimalgrad und der chromatischen Zahl eines Graphen liefert der folgende Satz. Hierbei nutzen wir die Monotonie der chromatischen Zahl: Wenn H ein Untergraph von G ist, so gilt $\chi(H) \leq \chi(G)$.

Satz 5.1
Für jeden Graphen G gilt:

$$\chi(G) \leq 1 + \max\{\delta(H) : H \subseteq G\}$$

Beweis: Für den kantenleeren Graphen ist die Behauptung wahr. Es sei nun G ein Graph mit $\chi(G) > 1$ Wir wählen einen Untergraphen H von G mit

$\chi(H) = \chi(G)$ so, dass $\chi(H_{-v}) = \chi(G) - 1$ für jeden Knoten aus H gilt. Ein solcher Graph existiert infolge der Monotonie von $\chi(G)$ stets. Folglich muss jeder Knoten von H mindestens $\chi(G) - 1$ Nachbarn haben. Damit gilt $\delta(H) \geq \chi(G) - 1$. Da das Maximum der Minimalgrade aller Untergraphen von G gleich oder größer als $\delta(H)$ ist, erhalten wir $\chi(G) - 1 \leq \max\{\delta(H) : H \subseteq G\}$ und damit die Behauptung. $\square$

Folgerung 5.1 *Es sei $\Delta(G)$ der Maximalgrad von G. Dann gilt*

$$\chi(G) \leq \Delta(G) + 1.$$

Eine andere einfache Schranke für die chromatische Zahl erhalten wir aus der Untersuchung vollständiger Untergraphen. Offensichtlich bilden alle Kanten jeweils Cliquen der Ordnung 2. Besonders interessant sind jedoch maximale Cliquen. Die Cliquenzahl $\omega(G)$ ist die Mächtigkeit einer maximalen in G enthaltenen Clique. Da in einem vollständigen Graphen mit n Knoten keine zulässige Färbung mit weniger als n Farben existiert, erhalten wir

$$\chi(G) \geq \omega(G).$$

Leider gibt es aber Graphen, für die diese Schranke beliebig schlecht wird. Genauer gesagt, gibt es Graphen ohne Dreieck (für die also $\omega(G) = 2$ gilt) mit beliebig hoher chromatischer Zahl. Das Bild 5.2 zeigt einen dreiecksfreien Graphen mit der chromatischen Zahl vier.

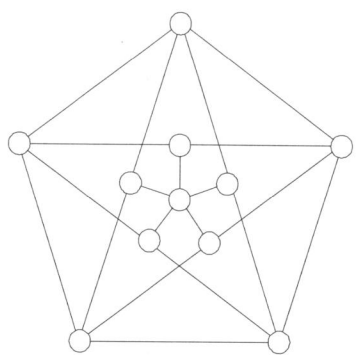

Bild 5.2: Ein Graph mit $\omega(G) = 2$ und $\chi(G) = 4$

Eine andere Schranke für die chromatische Zahl erhalten wir mit der Unabhängigkeitszahl. Bei der Konstruktion einer zulässigen Färbung eines Graphen G können alle Knoten einer Knotenteilmenge X von G genau dann mit derselben Farbe belegt werden, wenn X eine unabhängige Knotenmenge ist. Es sei nun eine Färbung von G mit $k = \chi(G)$ Farben gegeben. Wir ordnen jeder Farbe i die Menge $X_i \subseteq V$ der mit i gefärbten Knoten zu. Dann sind alle Mengen X_1, ..., X_k unabhängig. Damit gilt für $i = 1$, ..., k die Relation $|X_i| \leq \alpha(G)$. Damit folgt

$$n = \sum_{i=1}^{k} |X_i| \leq \alpha(G)\chi(G)$$

und somit

$$\chi(G) \geq \frac{n}{\alpha(G)}.$$

Der Leser kann sich leicht selbst überzeugen, dass die Unabhängigkeitszahl auch eine obere Schranke für die chromatische Zahl liefert; es gilt $\chi(G) \leq n - \alpha(G) + 1$.

5.2 Färbungen von planaren Graphen

Für planare Graphen genügen stets vier Farben, um eine zulässige Färbung zu erzielen. Der Beweis dieses **Vierfarbensatzes** ist eines der schwierigsten Probleme der Graphentheorie. Von der ursprünglichen Vierfarbenvermutung im Jahre 1852 bis zur endgültigen Lösung durch *Appel* und *Haken* im Jahre 1976 waren viele bekannte Graphentheoretiker mit diesem Problem beschäftigt und trugen kleine Bausteine für den Beweis zusammen. Wir wollen hier einige leichter zu zeigende Färbungseigenschaften von planaren Graphen betrachten. Wir sagen im Folgenden kurz der Graph G ist k-**färbbar**, wenn eine zulässige Färbung von G mit k Farben existiert.

Satz 5.2 (Sechsfarbensatz)
Jeder planare Graph ist 6-färbbar.

Beweis: Es genügt, zu zeigen, dass diese Aussage für alle schlichten zusammenhängenden planaren Graphen gilt. Wir gehen zunächst von der Eulerschen Polyederformel (3.1) aus. Die Folgerung 3.3 aus dieser Formel sagt uns, dass jeder schlichte planare Graph einen Knoten vom Grade 5 oder kleiner besitzt. Nun können wir die Aussage des Satzes durch vollständige Induktion nach der Anzahl der Knoten des Graphen führen. Für alle Graphen mit sechs oder weniger Knoten ist der Satz offensichtlich wahr. Angenommen, die Aussage gilt auch für alle Graphen mit n Knoten. Betrachten wir einen Graphen G mit $n+1$ Knoten. Dieser enthält einen Knoten v vom Grade 5 oder kleiner.

Wenn wir v aus G entfernen, verbleibt ein Graph mit n Knoten, der nach Voraussetzung 6-färbbar ist. Da v nur 5 Nachbarn in G besitzt, verbleibt eine Farbe, um auch v zulässig zu färben. Folglich ist auch G 6-färbbar. $\square$

Die Aussage des Satzes können wir noch verbessern, wobei wir auch im nächsten Beweis von der Tatsache Gebrauch machen, dass in einem schlichten planaren Graphen stets ein Knoten von höchstens Grad 5 existiert.

Satz 5.3 (Fünffarbensatz)
Jeder planare Graph ist 5-färbbar.

Beweis: Die Induktion läuft zunächst ähnlich wie im letzten Satz. Für jeden Graphen mit maximal 5 Knoten stimmt die Behauptung. Wir nehmen wieder an, dass sie auch für einen Graphen mit n Knoten gilt. Es sei G ein Graph mit $n + 1$ Knoten. Wir wissen bereits, dass G einen Knoten v mit $\deg v \leq 5$ enthält. Wir betrachten nun eine zulässige Färbung von G_{-v}, die gemäß Induktionsannahme existiert. Wenn für diese Färbung zwei der Nachbarn von v gleich gefärbt sind oder wenn $\deg v < 5$ gilt, so verbleibt eine freie Farbe, um auch v zulässig zu färben.

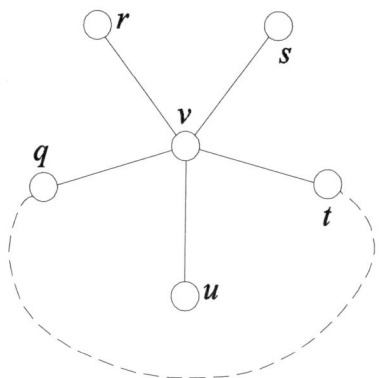

Bild 5.3: Zum Beweis des Fünffarbensatzes

Nehmen wir nun an, alle 5 Nachbarn von v seien mit unterschiedlichen Farben gefärbt. Das Bild 5.3 verdeutlicht den Sachverhalt. Die Knoten q und t seien rot beziehungsweise blau gefärbt. Betrachten wir nun den Untergraphen H von G, der von allen rot oder blau gefärbten Knoten aufgespannt wird. Wenn die Knoten q und t in unterschiedlichen Komponenten von H liegen, so können wir in der Komponente, die q enthält, die Farben rot und blau austauschen, ohne die Zulässigkeit der Gesamtfärbung von G zu gefährden.

Nach dieser Operation ist keiner der fünf Knoten q, r, s, t, u rot gefärbt, so dass die rote Farbe für v frei ist. Liegen jedoch die beiden Knoten q und t in einer gemeinsamen Komponente von H, so muss ein Weg zwischen diesen Knoten bestehen, der ausschließlich rote und blaue Knoten enthält. Ein solcher Weg ist durch eine gestrichelte Linie in Bild 5.3 angedeutet. Der Graph $G - H$, der durch Entfernen aller Knoten von H aus G hervorgeht, besitzt keine roten oder blauen Knoten. In $G - H$ liegen die Knoten u sowie r, s in verschiedenen Komponenten, die durch den qt-Weg getrennt sind. Wir können nun die Farben in der Komponente, die u enthält, so permutieren, dass u entweder die Farbe von r oder die Farbe von s annimmt. Die neue Färbung ist wieder zulässig, aber die Nachbarn von v besitzen nur noch vier verschiedene Farben. Damit verbleibt eine freie Farbe für v. $\square$

Der Beweis des Vierfarbensatzes würde weit über den Rahmen dieses Buches hinausgehen. Auch wenn in den letzten Jahren einige Vereinfachungen gegenüber dem ursprünglichen Beweis erzielt wurden, so ist der Beweisaufwand immer noch immens. Ein erstes Gespür für die auftretenden Schwierigkeiten erhält der interessierte Leser, indem er versucht einzusehen, warum die Ideen des letzten Beweises nicht für den Vierfarbensatz reichen. Eine sehr schöne Übersicht zur Entwicklung und Lösung des Vierfarbenproblems liefert das Buch von Saaty und Kainen [21].

5.3 Das chromatische Polynom

Wir haben bereits im zweiten Kapitel gesehen, dass Hilfsmittel aus der linearen Algebra für die Graphentheorie sehr nützlich sein können. Dort waren es Matrizen und Determinanten, jetzt sind Polynome an der Reihe.

Das **chromatische Polynom** $P(G, x)$ eines Graphen G gibt für jedes $x \in \mathbb{N}$ die Anzahl der zulässigen Färbungen von G mit höchsten x Farben an. Für einen Graphen G mit n Knoten und einer leeren Kantenmenge gilt $P(G, x) = x^n$, da in diesem Falle für den ersten Knoten x Farben gewählt werden können, für den zweiten (unabhängig von der Wahl der ersten Farbe) ebenfalls und so weiter für alle n Knoten.

5.3.1 Der vollständige Graph

Für den vollständigen Graphen K_n erhalten wir $P(K_n, x) = x^{\underline{n}}$. Die Abkürzung $x^{\underline{n}}$ steht hier für die **fallende Faktorielle**, das heißt für das Produkt

$$x^{\underline{n}} = x \cdot (x - 1) \cdot (x - 2) \cdots (x - n + 1).$$

Im vollständigen Graphen können wir für die Färbung des ersten Knotens wieder eine der x zur Verfügung stehenden Farben wählen. Der zweite Knoten ist jedoch adjazent zum ersten, sodass dieser eine andere Farbe erhalten muss, die wir aus den verbleibenden $x - 1$ Farben wählen können. Der dritte Knoten darf nicht die Farbe der ersten beiden Knoten erhalten. Schließlich bleiben für das Färben des n-ten Knotens nur noch $x - n + 1$ freie Farben.

5.3.2 Der Baum

Einen Baum T_n mit n Knoten können wir auf folgende Weise färben: Für den ersten Knoten wählen wir eine der x Farben. Alle adjazenten Knoten können dann auf $x - 1$ Arten zulässig gefärbt werden. Das trifft im Weiteren auch für alle Knoten zu, die zu bereits gefärbten Knoten adjazent sind. Damit erhalten wir:

$$P\left(T_n, x\right) = x\left(x - 1\right)^{n-1} \tag{5.1}$$

Besteht G aus den Komponenten $G_1, ..., G_c$, so können wir die einzelnen Komponenten unabhängig voneinander färben. Es folgt

$$P\left(G, x\right) = \prod_{i=1}^{c} P\left(G_i, x\right).$$

5.3.3 Die Dekompositionsgleichung

Wir werden nun eine für die Berechnung des chromatischen Polynoms fundamentale Dekompositionsbeziehung ableiten. Dafür ist die Einführung einer weiteren Graphenoperation erforderlich. Der schlichte Graph G_e gehe aus dem schlichten Graphen G hervor, indem die Kante e kontrahiert wird und anschließend alle entstehenden parallelen Kanten durch einfache Kanten ersetzt werden. Diese Definition unterscheidet sich von der im zweiten Kapitel bei der Berechnung der Anzahl der Gerüste eines Graphen eingeführten Kontraktionsoperation. Wir verwenden dennoch auch hier die Bezeichnung G_e, da sie in dieser Weise in der Literatur üblich ist.

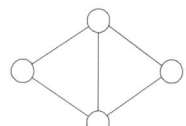

Bild 5.4: Brückengraph

Es sei G ein schlichter Graph, der die Kante $e = \{u, v\}$ enthält. Die zulässigen Färbungen von G_{-e} lassen sich in zwei Klassen einteilen: Färbungen, die u und v mit unterschiedlichen Farben belegen und Färbungen, in denen u und v gleichfarbig sind. Die Färbungen der ersten Klasse sind auch zulässige Färbungen von G; die der zweiten Klasse sind auch zulässige Färbungen von G_e. Für das chromatische Polynom von $G - e$ folgt

$$P\left(G - e, x\right) = P\left(G, x\right) + P\left(G_e, x\right). \tag{5.2}$$

Als Beispiel bestimmen wir das chromatische Polynom der Brückenstruktur G nach Bild 5.4. Es folgt

$$
\begin{aligned}
P(G, x) &= P\left(K_4, x\right) + P\left(K_3, x\right) \\
&= x^4 + x^3 \tag{5.3} \\
&= x\left(x - 1\right)\left(x - 2\right)^2 \\
&= x^4 - 5x^3 + 8x^2 - 4x. \tag{5.4}
\end{aligned}
$$

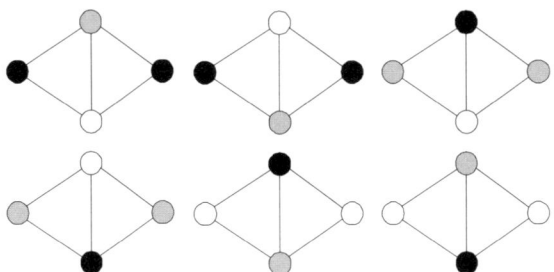

Bild 5.5: Färbungen der Brücke mit drei Farben

Hierbei nehmen wir an, dass die Brückenstruktur durch Entfernen der Kante $e = \{u, v\}$ aus dem vollständigen Graphen K_4 hervorgeht. Wir setzen nun für die Variable x des Polynoms (5.4) die Werte $0, 1, 2, 3$ der Reihe nach ein:

$$
\begin{aligned}
P(G, 0) &= 0, \\
P(G, 1) &= 0, \\
P(G, 2) &= 0, \\
P(G, 3) &= 6.
\end{aligned}
$$

Das ist nicht überraschend, denn mit weniger als drei Farben kann die Brücke nicht zulässig gefärbt werden. Mit drei Farben erhalten wir die in Bild 5.5

dargestellten sechs zulässigen Färbungen. Häufig werden wir die Gleichung
(5.2) aber auch in der folgenden Darstellung nutzen:

$$P(G, x) = P(G - e, x) - P(G_e, x) \tag{5.5}$$

Aus dieser Dekompositionsgleichung erkennen wir auch, dass $P(G, x)$ tatsächlich ein Polynom in x vom Grad $n = |V(G)|$ ist. Außerdem ist der Koeffizient vor der höchsten auftretenden Potenz x^n gleich 1. Diese beiden Aussagen erhält man aus der Tatsache, dass für den kantenleeren Graphen mit
n Knoten $P(\overline{K_n}, x) = x^n$ gilt. Das Absolutglied des chromatischen Polynoms
ist stets gleich null. Andernfalls würde der Graph mit null Farben zulässig
färbbar sein. Es ist leicht zu zeigen, dass aus der Dekompositionsgleichung
(5.5) auch die Gleichung

$$P(G, x) = P(G - e, x) - P(G/e, x)$$

folgt, wobei hier die im Kapitel 1 definierte Kontraktionsoperation G/e verwendet wird, die Schlingen und parallele Kanten zulässt.

5.3.4   Der Kreis

Aus der Formel (5.5) erhält man auch das chromatische Polynom eines Kreises
C_n. Für einen Kreis mit genau zwei Knoten gilt

$$P(C_2, x) = x(x - 1).$$

Durch Entfernen einer Kante aus dem Kreis C_n erhalten wir den Weg P_n.
Damit folgt aus der Dekompositionsbeziehung (5.5) eine rekursive Gleichung,
welche das chromatische Polynom des Kreises C_n auf das chromatische Polynom des Kreises C_{n-1} zurückführt:

$$\begin{aligned}
P(C_n, x) &= P(P_n, x) - P(C_{n-1}, x) \\
&= x(x - 1)^{n-1} - P(C_{n-1}, x), \ n \geq 3 \tag{5.6}
\end{aligned}$$

Wir können diese Rekurrenzgleichung bereits ab $n = 2$ verwenden, wenn wir
$P(C_1, x) = 0$ vereinbaren. Diese Vereinbarung lässt sich sinnvoll interpretieren, indem wir C_1 als eine Schlinge mit einem Knoten ansehen. Dieser Graph
besitzt tatsächlich keine zulässige Färbung.

Die Gleichung (5.6) kann durch wiederholtes Einsetzen in sich selbst gelöst werden. Wir erhalten

$$
\begin{aligned}
P(C_n, x) &= x\,(x-1)^{n-1} - P\,(C_{n-1}, x) \\
&= x\,(x-1)^{n-1} - \left[x\,(x-1)^{n-2} - P(C_{n-2}, x) \right] \\
&= x\,(x-1)^{n-1} - x\,(x-1)^{n-2} \\
&\quad + \left[x\,(x-1)^{n-3} - P\,(C_{n-3}, x) \right] \\
&\ldots \\
&= x\,(x-1)^{n-1} - x\,(x-1)^{n-2} + - \ldots + (-1)^{n-2}\,x(x-1) \\
&= x \sum_{i=1}^{n-1} (-1)^{n-i+1} (x-1)^i.
\end{aligned}
$$

Diese Summe ist eine endliche geometrische Reihe, sodass wir die entsprechende Summenformel nutzen können. Es folgt

$$
\begin{aligned}
P\,(C_n, x) &= x(-1)^{n+1} \left[\sum_{i=0}^{n-1} (1-x)^i - 1 \right] \\
&= x\,(-1)^{n+1} \left(\frac{(1-x)^n - 1}{(1-x) - 1} - 1 \right) \\
&= (-1)^n (1-x)^n + (-1)^n (x-1) \\
&= (x-1)^n + (-1)^n (x-1).
\end{aligned}
$$

5.3.5 Chromatisches Polynom und chromatische Zahl

Das chromatische Polynom eines Graphen G liefert viele interessante Informationen über den Graphen G. Wenn der Graph G die chromatische Zahl k besitzt, so gilt laut Definition des chromatischen Polynoms für alle natürlichen Zahlen $j < k$ stets $P(G, j) = 0$. Folglich können wir aus dem chromatischen Polynom eines Graphen seine chromatische Zahl ablesen; es gilt

$$
\chi(G) = \min\{n \in \mathbb{N} : P(G, n) > 0\}.
$$

Die höchste vorkommende Potenz (der Grad) des chromatischen Polynoms verrät uns die Knotenzahl des Graphen. Aus der kleinsten vorkommenden Potenz erfahren wir die Anzahl seiner Komponenten.

5.3.6 Partitionen der Knotenmenge

Es sei $G = (V, E)$ ein Graph. Eine **Partition** der Knotenmenge V ist eine Zerlegung von V in paarweise disjunkte nichtleere Teilmengen, deren Vereinigung wieder die Menge V ist. So ist zum Beispiel

$$\{\{1, 2, 4\}, \{3, 7\}, \{5, 6, 8\}, \{9\}\}$$

eine Partition der Menge $\{1, ..., 9\}$. Die Teilmengen einer Partition nennen wir auch die **Blöcke** der Partition. Eine Färbung der Knoten eines Graphen erzeugt in natürlicher Weise eine Partition der Knotenmenge. Die Knoten einer Farbe definieren jeweils einen Block der Partition. Die Färbung ist genau dann zulässig, wenn jeder Block der so festgelegten Partition eine unabhängige Menge von G ist. Wir nennen eine solche Partition der Knotenmenge, deren Blöcke ausschließlich unabhängige Mengen von G sind, auch eine **unabhängige Partition** von V. Wenn π eine unabhängige Partition von G mit k Blöcken ist und x Farben zur Verfügung stehen, so können wir aus π genau $x^{\underline{k}}$ verschiedene zulässige Färbungen von G gewinnen. Dazu färben wir alle Knoten des ersten Blocks mit einer beliebigen Farbe. Dafür gibt es x Möglichkeiten. Für den nächsten Block verwenden wir eine andere der verbleibenden $x - 1$ Farben. Schließlich verbleiben für den letzten (k-ten) Block noch $x - k + 1$ bisher nicht verwendete Farben. Somit liefert die gegebene unabhängige Partition π tatsächlich genau

$$x(x - 1)(x - 2) \cdots (x - k + 1) = x^{\underline{k}}$$

zulässige Färbungen, sodass jeweils alle Knoten eines Blockes von π dieselbe Farbe erhalten und Knoten aus verschiedenen Blöcken stets unterschiedlich gefärbt sind. Es sei nun $\Pi(G)$ die Menge aller unabhängigen Partitionen von G. Für eine Partition $\pi \in \Pi(G)$ sei $|\pi|$ die Anzahl der Blöcke dieser Partition. Dann erhalten wir die Anzahl aller zulässigen Färbungen von G und damit das chromatische Polynom von G aus der Summe

$$P(G, x) = \sum_{\pi \in \Pi(G)} x^{\underline{|\pi|}}.$$

Um diese Darstellung besser zu verstehen, schauen wir uns noch einmal den Brückengraphen an. Bild 5.6 zeigt diesen Graphen jetzt mit einer Nummerierung der Knoten. Wir sehen, dass dieser Graph nur zwei unabhängige Partitionen besitzt:

$$\Pi(G) = \{\{\{1\}, \{2\}, \{3\}, \{4\}\}, \{\{1, 4\}, \{2\}, \{3\}\}\}$$

Die erste Partition besitzt vier, die zweite drei Blöcke. Damit folgt

$$P(G, x) = x^{\underline{4}} + x^{\underline{3}}.$$

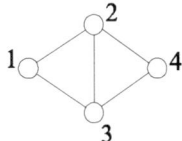

Bild 5.6: Die Brücke

Diese Beziehung stimmt mit der früher berechneten Darstellung (5.3) überein.

Das chromatische Polynom besitzt eine interessante Verallgemeinerung – das **Tutte-Polynom**. Das ist ein Polynom in zwei unabhängigen Variablen, dessen Koeffizienten und Werte viele weitgehende Aussagen über die Struktur eines Graphen gestatten. Es besitzt unter anderem in der theoretischen Physik und in der Knotentheorie Anwendungen. Der interessierte Leser kann mehr darüber in der Büchern von Tutte [25] und von Bollobás [7] erfahren.

5.4 Eine Anwendung

Warum hat das Färbungsproblem etwas mit der **Frequenzplanung** in Funknetzen zu tun? Eine Sendestation eines Funknetzes überdeckt jeweils ein gewisses geographisches Gebiet. Wenn viele Sendestationen in einem Funknetz arbeiten, kann es vorkommen, dass bestimmte Bereiche von mehreren Sendestationen überdeckt werden. Wenn zwei dieser Sendestationen, die gleichzeitig in einem Gebiet empfangen werden können, dieselbe Frequenz benutzen, so kommt es zu Störungen. Um diese Störungen zu vermeiden, sollten alle Sender, die ein gemeinsames Gebiet erreichen, stets unterschiedliche Sendefrequenzen verwenden. Das Bild 5.7 zeigt eine solche Situation.

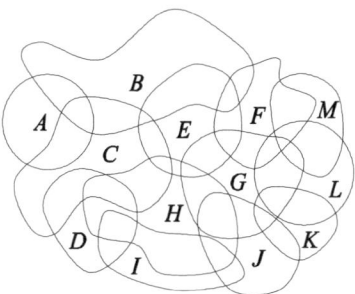

Bild 5.7: Ein Funknetz mit Ausbreitungsbereichen der Sendestationen

Die Buchstaben bezeichnen Sendestationen. Für jede Sendestation ist ein Sendebereich dargestellt. Wir sehen zum Beispiel, dass sich die Sendebereiche der Stationen B und E überlappen. Deshalb dürfen diese beiden Stationen nicht dieselbe Frequenz verwenden.

Wie viele verschiedene Frequenzen sind für den störungsfreien Betrieb dieses Funknetzes erforderlich? Da das Funknetz 13 Sendestationen enthält, genügen sicher 13 Frequenzen. Im Allgemeinen möchte man (da Frequenzbereiche teuer sind) eine minimale Anzahl von verschiedenen Frequenzen benutzen. Um dieses Problem zu lösen, modellieren wir das Funknetz durch einen Graphen, dessen Knoten die Sendestationen sind. Zwei Sender werden genau dann durch eine Kante verbunden, wenn sich ihre Sendebereiche überlappen.

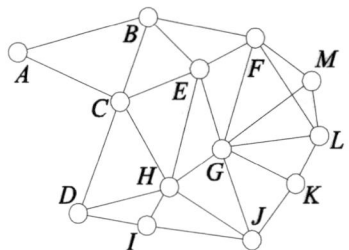

Bild 5.8: Modellgraph für das Funknetz

Bild 5.8 zeigt den auf diese Weise konstruierten Graphen für unser Beispielfunknetz. Wir bestimmen nun eine zulässige Färbung für diesen Graphen mit einer minimalen Anzahl von Farben.

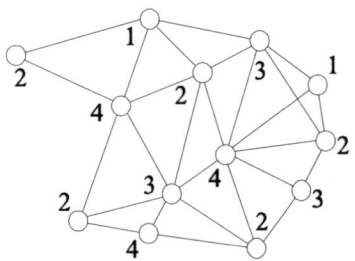

Bild 5.9: Zulässige Färbung mit vier Farben

Das Bild 5.9 zeigt eine zulässige Färbung mit den vier Farben $\{1, 2, 3, 4\}$. Unser Funknetz funktioniert offensichtlich genau dann störungsfrei, wenn zwei Stationen, die im Graphen unterschiedlich gefärbt sind, unterschiedliche Frequenzen benutzen. Wir benötigen also genau vier Frequenzen. Dass der hier dargestellte Graph tatsächlich die chromatische Zahl 4 aufweist, folgt daraus, dass er planar ist (die Kante 2-3 kann nach außen verlegt werden) und dass er eine Clique aus den vier Knoten *F, G, L, M* enthält.

Das chromatische Polynom des Modellgraphen, dessen Berechnung hier bereits größeren Aufwand erfordert, lautet

$$P(G, x) = 21240x - 109848x^2 + 259310x^3 - 371064x^4$$
$$+ 359412x^5 - 248592x^6 + 125972x^7 - 47126x^8$$
$$+ 12914x^9 - 2527x^{10} + 335x^{11} - 27x^{12} + x^{13}.$$

Dieses Polynom verrät uns, dass es $P(G, 4) = 3552$ verschiedene Möglichkeiten für die Verteilung der vier Frequenzen auf die 13 Sender gibt. Mit fünf erlaubten Frequenzen erhalten wir bereits die beachtliche Zahl von 990 000 verschiedenen Frequenzverteilungen.

Wir sehen nun, dass das Färbungsproblem in Graphen eng verwandt mit dem Frequenzzuweisungsproblem von Mobilfunknetzen ist. Praktisch ist es leider nicht ganz so einfach wie hier beschrieben, da weitere Einschränkungen hinzukommen. So genügen im Allgemeinen für einen störungsfreien Betrieb nicht einfach verschiedene Frequenzen, sondern Frequenzen, die einen gewissen Mindestabstand voneinander haben. Außerdem ist häufig für jeden Sender eine Liste von erlaubten Frequenzen vorgegeben. Dieser Umstand führt auf ein weiteres graphentheoretisches Problem – das sogenannte Listenfärbungsproblem. Eine zusätzliche Forderung kann in der Vorgabe eines Frequenzabstandes (Kanalabstandes) für Sendestationen, die nicht direkt benachbart, sondern durch einen Weg der Länge zwei im Modellgraphen verbunden sind, bestehen.

Trotz dieser Einschränkungen leistet die Färbungstheorie von Graphen gute Dienste bei der Lösung des Frequenzzuweisungsproblems in Funknetzen. Algorithmen für die Erzeugung zulässiger Färbungen in Graphen bilden auch die Grundlage für die Lösung anderer Optimierungsaufgaben, in denen Konflikte oder Einschränkungen durch die Nutzung gemeinsamer Ressourcen entstehen.

Aufgaben

5.1 Welche chromatische Zahl besitzt dieser Graph?

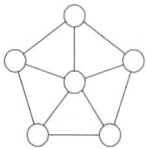

5.2 Es sei G ein Graph, der aus zwei vollständigen Graphen K_p und K_r besteht, die genau einen Knoten, jedoch keine Kante gemeinsam haben. Welche chromatische Zahl besitzt G? Wie lautet das chromatische Polynom dieses Graphen?

5.3 Wie viele Knoten kann ein Graph mit der Unabhängigkeitszahl 2 und der chromatischen Zahl 6 besitzen?

5.4 Es sei

$$P(G,x) = \sum_{i=0}^{n} a_i x^i$$

das chromatische Polynom eines schlichten zusammenhängenden Graphen mit der chromatischen Zahl k. Zeigen Sie, dass dann $|a_1|$ ohne Rest durch $(k-1)!$ teilbar ist.

5.5 Bestimmen Sie das chromatische Polynom des dargestellten Graphen.

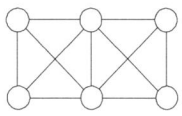

5.6 Kann $x^4 - x^3 + x^2$ das chromatische Polynom eines Graphen sein?

5.7 Gibt es einen schlichten Graphen mit der Knotenmenge $\{1,2,3,4\}$, der nur die beiden unabhängigen Partitionen

$$\{\{1,2\},\ \{3,4\}\}\ \text{und}\ \{\{1,3\},\ \{2,4\}\}$$

besitzt?

5.8 Eine Firma soll acht Aufträge $\{A_1, ..., A_8\}$ ausführen, für die jeweils gewisse Maschinen aus der Menge $\{M_1, ..., M_6\}$ benötigt werden. Zwei Aufträge können genau dann gleichzeitig ausgeführt werden, wenn die Aufträge nicht dieselbe Maschine erfordern. Die folgende Tabelle gibt eine Übersicht darüber, welche Maschinen für die einzelnen Aufträge benötigt werden.

	M_1	M_2	M_3	M_4	M_5	M_6
A_1			×	×	×	
A_2		×		×		
A_3			×			×
A_4	×					
A_5	×					
A_6		×			×	
A_7			×	×		
A_8					×	×

Angenommen, jeder Auftrag ist in genau einer Stunde ausführbar. Wie viel Zeit ist mindestens für die Erledigung alle Aufträge erforderlich? Was hat dieses Problem mit der Färbung von Graphen zu tun?

5.9 Es seien G und H Graphen mit $\chi(G) = k$ und $\chi(H) = l$. Der Graph $G+H$ entstehe aus $G \uplus H$, indem jeder Knoten von G mit jedem Knoten von H durch genau eine Kante verbunden wird. Welche chromatische Zahl besitzt $G + H$?

5.10 Zeichnen Sie einen zusammenhängenden Graphen mit $\chi(G) = 5$ und $\sigma(G) = 3$.

6 Der Zusammenhang von Graphen

Bisher haben wir Graphen danach unterschieden, ob sie zusammenhängend sind oder nicht. Diese Einteilung ist jedoch für viele Anwendungen etwas zu grob. Ein vollständiger Graph mit zehn Knoten und ein Baum mit zehn Knoten sind beide zusammenhängend. Dennoch haben wir bereits beim Betrachten der Bilder dieser beiden Graphen das Gefühl, dass der vollständige Graph „weitaus fester" zusammenhängt als der Baum. Tatsächlich genügt bereits das Entfernen eines einzelnen Knotens oder einer einzelnen Kante, um den Zusammenhang eines Baumes zu zerstören. Den vollständigen Graphen bekommen wir nicht so leicht kaputt. Wir werden in diesem Kapitel diese intuitive Vorstellung durch die Einführung geeigneter Zusammenhangsmaße exakter fassbar machen.

6.1 Der Knotenzusammenhang

6.1.1 Trennende Knotenmengen

Es sei $G = (V, E)$ ein zusammenhängender Graph. Eine Knotenteilmenge $X \subseteq V$ heißt eine **trennende Knotenmenge**, wenn $G - X$ nicht zusammenhängend ist. Wenn X eine trennende Knotenmenge von G ist, so ist auch jede Knotenmenge Y mit $X \subseteq Y$ eine trennende Knotenmenge von G. Eine trennende Knotenmenge X von G ist **minimal**, wenn keine echte Teilmenge von X ebenfalls eine trennende Knotenmenge von G ist. Im Bild 6.1 ist eine

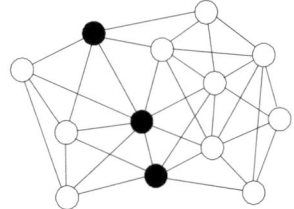

Bild 6.1: Trennende Knotenmenge

minimale trennende Knotenmenge des Graphen schwarz gekennzeichnet. Ein Graph G heißt k-**zusammenhängend**, wenn G mehr als k Knoten besitzt und jeder Graph, der durch Entfernen von höchstens $k - 1$ Knoten aus G hervorgeht, zusammenhängend ist. Offensichtlich ist ein k-zusammenhängender Graph auch l-zusammenhängend für jedes $l < k$. Wenn ein Graph wenigstens zwei Knoten besitzt, so stimmen die Eigenschaften zusammenhängend und 1-zusammenhängend überein.

6.1.2 Die Knotenzusammenhangszahl

Ein Graph G besitzt die **Knotenzusammenhangszahl** (oder kurz **Zusammenhangszahl**) k, wenn G k-zusammenhängend, jedoch nicht $(k+1)$-zusammenhängend ist. Wir bezeichnen im Folgenden die Knotenzusammenhangszahl eines Graphen G stets mit $\kappa(G)$. Ein Baum mit mindestens zwei Knoten besitzt die Knotenzusammenhangszahl 1. Ein Kreis der Länge 3 oder größer besitzt die Knotenzusammenhangszahl 2. Für den vollständigen Graphen K_n gilt $\kappa(K_n) = n - 1$. Bild 6.2 zeigt zwei Graphen, die beide die

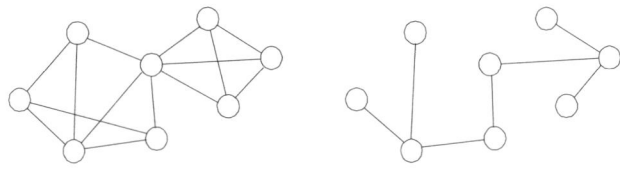

Bild 6.2: Zwei Graphen mit $\kappa(G) = 1$

Knotenzusammenhangszahl 1 aufweisen. Dieses Bild zeigt uns auch, dass die Knotenzusammenhangszahl ein Maß für die „Schwachstellen" eines Graphen ist. Diese Interpretation findet insbesondere in der Zuverlässigkeitstheorie Anwendung. In einem Kommunikationsnetz mit der Zusammenhangszahl 1 führt der Ausfall eines Knotens (Servers, Computers, Routers, ...) dazu, dass keine funktionsfähigen Verbindungswege zwischen bestimmten Knoten des Netzes existieren.

Bild 6.2 zeigt uns jedoch auch, dass die Knotenzusammenhangszahl einen Graphen nur sehr schlecht charakterisiert. Der linke Graph weist nur eine Artikulation auf, während im rechten Graphen alle Knoten vom Grade 2 oder 3 Artikulationen sind. Der linke Graph lässt sich nur einmal an einer trennenden Knotenmenge der Mächtigkeit 1 in zwei Teile zerlegen, die dann einen höheren Zusammenhang aufweisen. Der Baum im rechten Teil des Bildes hingegen kann auf diese Weise bis in einzelne Knoten zerlegt werden. Diese Eigenschaft der wiederholten Trennbarkeit spielt insbesondere für den Entwurf effizienter Graphenalgorithmen, zum Beispiel bei der Lösung von Optimierungsproblemen, eine große Rolle.

6.1.3   Der Satz von Menger

Es seien s und t zwei Knoten des Graphen $G = (V, E)$. Wir nennen eine Knotenteilmenge $X \subseteq V$ st-**trennend**, wenn X einen Knoten aus jedem Weg von s nach t enthält. Wenn X eine st-trennende Knotenmenge von G ist, so besitzt $G - X$ keinen Weg von s nach t (oder kurz: keinen st-**Weg**). Wenn X eine st-trennende Knotenmenge ist, die weder s noch t enthält, so ist X auch eine trennende Knotenmenge von G, da $G - X$ in diesem Falle zwei Komponenten enthält, in denen die Knoten s und t liegen.

Betrachten wir nun die k-zusammenhängenden Graphen etwas genauer. Wir wissen bereits, dass in einem zusammenhängendem Graphen zwischen je zwei Knoten mindestens ein Weg existiert. Wir nennen zwei Wege von einem Knoten $s \in V$ zu einem Knoten $t \in V$ in einem Graphen $G = (V, E)$ **knotendisjunkt**, wenn diese beiden Wege nur die Endknoten s und t gemeinsam haben. Wenn zwischen s und t mindestens k knotendisjunkte Wege existieren, so muss jede st-trennende Knotenmenge X von G ebenfalls mindestens k Knoten enthalten, da andernfalls mindestens ein st-Weg in $G - X$ verbleiben würde. Wenn sogar für je zwei beliebige Knoten von G jeweils k knotendisjunkte Wege existieren, so ist G ein k-zusammenhängender Graph. Es gilt sogar die Umkehrung dieser Aussage, sodass wir das folgende Theorem von KARL MENGER (1902 – 1985) erhalten.

Satz 6.1 (Menger)
Ein Graph ist genau dann k-zusammenhängend, wenn je zwei seiner Knoten durch k knotendisjunkte Wege miteinander verbunden sind.

Da der Beweis dieses Sachverhaltes etwas aufwendiger ist, werden wir hier auf die Beweisführung verzichten. Man findet den Beweis zum Beispiel in den Büchern von Sachs [22] und Diestel [11]. Eine Grundlage für diesen Satz bildet der Satz von König (Satz 4.5). Eine andere Formulierung des Satzes von Menger hat bereits mehr Ähnlichkeit mit dem Satz von König: *Die minimale Mächtigkeit einer st-trennenden Knotenmenge von G ist gleich der maximalen Zahl knotendisjunkter st-Wege.* Ein erstes Verständnis für die Schwierigkeiten der Beweisführung des Satzes von Menger erhält der Leser, wenn er versucht, die folgende einfache Folgerung aus diesem Satz selbst zu zeigen.

Folgerung 6.1 *Ein Graph mit mindestens drei Knoten ist genau dann 2-zusammenhängend, wenn je zwei seiner Knoten in einem gemeinsamen Kreis enthalten sind.*

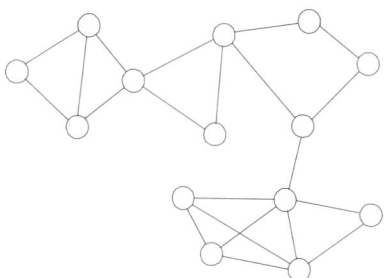

Bild 6.3: Ein Graph mit fünf Blöcken

Es sei G ein Graph. Einen maximalen 2-zusammenhängenden Untergraphen von G oder eine Brücke zusammen mit ihren Endknoten nennen wir auch einen **Block**. Zwei Blöcke eines Graphen G haben höchstens einen Knoten gemeinsam. Dieser Knoten ist dann eine Artikulation von G. Bild 6.3 zeigt einen zusammenhängenden Graphen mit fünf Blöcken. Jeder Kreis von G ist vollständig in einem Block von G enthalten.

6.2 Der Kantenzusammenhang

6.2.1 Schnittmengen

Wie robust ist der Zusammenhang eines Graphen bezüglich des Entfernens einzelner Kanten? Diese Frage führt uns auf die Untersuchung von Schnittmengen. Das sind Teilmengen der Kantenmenge, deren Entfernen aus dem Graphen den Zusammenhang zerstört. Bild 6.4 zeigt eine Schnittmenge in einem Graphen, dargestellt durch gestrichelte Kanten.

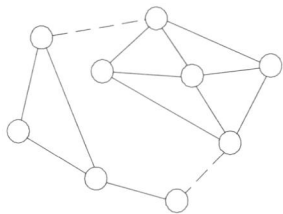

Bild 6.4: Eine minimale Schnittmenge

Es sei $G = (V, E)$ ein zusammenhängender Graph. Eine Kantenteilmenge $F \subseteq E$ ist eine **Schnittmenge** von G, wenn $G - F = (V, E \setminus F)$ ein nicht zusammenhängender Graph ist. Eine Schnittmenge F heißt **minimal**, wenn keine echte Teilmenge von F ebenfalls eine Schnittmenge des Graphen ist. Wenn F eine Schnittmenge von G ist, so ist auch jede Menge D mit $F \subseteq D$ eine Schnittmenge von G. Die im Bild 6.4 dargestellte Schnittmenge ist minimal.

6.2.2   Schnitte

Es sei $X \cup \bar{X}$ eine Partition der Knotenmenge, das heißt $X \cap \bar{X} = \emptyset$ und $X \cup \bar{X} = V$. Die Menge $E(X, \bar{X})$ sei die Menge aller Kanten von G, die einen Endknoten in X und einen Endknoten in $\bar{X}$ haben. Wir bezeichnen $E(X, \bar{X})$ als **Schnitt** von G. Jede nichtleere Teilmenge $X \subset V$ definiert eindeutig einen Schnitt von G. Ein Schnitt ist stets auch eine Schnittmenge, die Umkehrung ist allgemein nicht richtig.

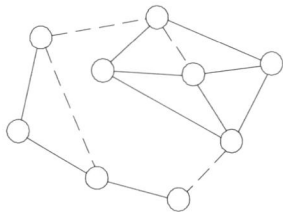

Bild 6.5: Schnittmenge, die keinen Schnitt bildet

Bild 6.5 zeigt mit den gestrichelt dargestellten Kanten eine Schnittmenge, die kein Schnitt in diesem Graphen ist.

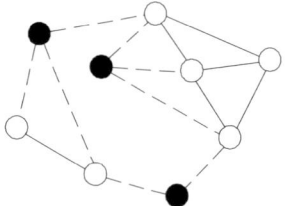

Bild 6.6: Schnitt, der durch die gekennzeichnete Knotenteilmenge definiert wird

Bild 6.6 zeigt einen Schnitt $E(X, \bar{X})$, der durch die schwarz dargestellte Knotenteilmenge X definiert wird.

6.2.3 Die Kantenzusammenhangszahl

Ein zusammenhängender Graph $G = (V, E)$ heißt k-**fach kantenzusammenhängend**, wenn $G - F$ für jede Teilmenge $F \subseteq E$ mit $|F| < k$ ein zusammenhängender Graph ist. Ein k-fach kantenzusammenhängender Graph besitzt folglich keine Schnittmenge mit weniger als k Kanten. Ein zweifach kantenzusammenhängender Graph besitzt keine Brücke. Die **Kantenzusammenhangszahl** $\lambda(G)$ eines Graphen G ist gleich k, wenn G k-fach kantenzusammenhängend, jedoch nicht $(k + 1)$-fach kantenzusammenhängend ist. Ein Baum hat stets die Kantenzusammenhangszahl 1. Für den Kreis C_n gilt $\lambda(C_n) = 2$. Der vollständige Graph mit n Knoten hat die Kantenzusammenhangszahl $n - 1$.

6.2.4 Knotenzusammenhang und Kantenzusammenhang

Um den Zusammenhang zwischen Knotenzusammenhangszahl und Kantenzusammenhangszahl zu verstehen, betrachten wir das Bild 6.7.

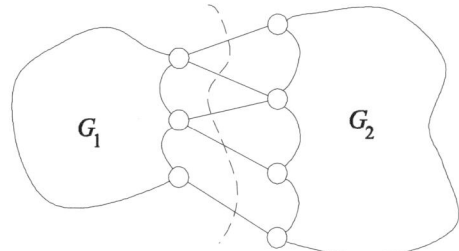

Bild 6.7: Knoten- und Kantenzusammenhangszahl

Es zeigt eine Schnittmenge F minimaler Mächtigkeit, die den Graphen in zwei Untergraphen G_1 und G_2 zerlegt. Nun kann aber die Anzahl der Endknoten der Kanten aus F in G_1 und auch in G_2 nicht größer sein als die Anzahl der Kanten von F. Es seien V_1 beziehungsweise V_2 die Mengen der Endknoten der Schnittkanten in G_1 und G_2. Wenn es in G_1 oder G_2 wenigstens einen weiteren Knoten außer diesen Endknoten gibt, so bildet die Menge V_1 oder V_2 eine trennende Knotenmenge von G. Damit folgt in diesem Falle sofort

$$\lambda(G) = |F| \geq \max\{|V_1|, \, |V_2|\} \geq \kappa(G).$$

Es bleibt der Fall zu untersuchen, dass beide Graphen G_1 und G_2 nur die Knoten V_1 und V_2 besitzen. Wir nehmen an, dass G ein schlichter Graph ist. Andernfalls können wir parallele Kanten durch einfache Kanten ersetzen. Die

Knotenzusammenhangszahl bleibt dabei erhalten und die Kantenzusammenhangszahl kann nur fallen. Dann folgt, dass G_1 oder G_2 einen Knoten vom Grade $|F|$ oder kleiner besitzt. Die Nachbarschaft dieses Knotens ist dann wieder eine trennende Knotenmenge von G. In jedem Falle folgt somit

$$\kappa(G) \leq \lambda(G).$$

Die Knotenzusammenhangszahl ist folglich niemals größer als die Kantenzusammenhangszahl.

Das Entfernen aller Kanten, die von einem Knoten $v \in V$ des Graphen ausgehen, zerstört stets den Zusammenhang. Damit erhalten wir eine Relation zwischen der Kantenzusammenhangszahl und dem Minimalgrad des Graphen:

$$\lambda(G) \leq \delta(G)$$

6.3   Trennende Knotenmengen

6.3.1   Anwendung zur Berechnung der Unabhängigkeitszahl

Trennende Knotenmengen haben für die algorithmische Graphentheorie eine enorme Bedeutung erlangt. Um die Anwendung von trennenden Knotenmengen zu demonstrieren, betrachten wir hier das Problem der Bestimmung der Unabhängigkeitszahl eines Graphen. Die Unabhängigkeitszahl $\alpha(G)$ eines Graphen G gibt die maximale Mächtigkeit einer unabhängigen Knotenmenge von G an. Prinzipiell wäre sie berechenbar, indem wir alle Knotenteilmengen des Graphen auf Unabhängigkeit untersuchen und eine größte unabhängige Menge auswählen. Praktisch ist dieses Verfahren jedoch bereits für Graphen mit wenigen Knoten nicht mehr ausführbar, da die Anzahl der zu untersuchenden Teilmengen exponentiell mit der Knotenzahl des Graphen steigt.

Eine etwas elegantere Lösung bietet der Satz 4.1. Jedoch verdoppelt sich auch hier in jedem Schritt die Anzahl der Teilprobleme, sodass für einen Graphen mit n Knoten 2^n Einzelaufgaben zu lösen sind. Tatsächlich haben alle bekannten Algorithmen für die Berechnung der Unabhängigkeitszahl die unangenehme Eigenschaft, dass die Anzahl der erforderlichen Rechenschritte exponentiell mit der Größe (Knotenanzahl) des Graphen steigt. Eine angenehme Ausnahme sind Graphen, die kleine trennende Knotenmengen aufweisen.

Bild 6.8 zeigt einen Graphen $G = (V, E)$, der an der trennenden Knotenmenge $U = \{u, v, w\}$ in zwei Untergraphen K und H zerfällt, die nur die Knoten aus U, jedoch keine Kante gemeinsam haben. Wir können nun alle

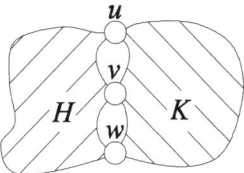

Bild 6.8: Graph mit trennender Knotenmenge

unabhängigen Mengen von G danach klassifizieren, welche Knoten aus der trennenden Knotenmenge U darin liegen. Wenn kein Knoten aus U in einer unabhängigen Menge X von G liegt, so muss sich diese unabhängige Menge aus einer unabhängigen Menge von $H - U$ und einer unabhängigen Menge von $K - U$ zusammensetzen. Ist zum Beispiel der Knoten u in einer unabhängigen Menge X, jedoch weder v noch w, so müssen die weiteren Knoten dieser unabhängigen Menge unabhängige Mengen von $H - (N(u) \cup \{v, w\})$ und von $K - (N(u) \cup \{v, w\})$ bilden. Hierbei sei $N(u)$ die Menge der Nachbarknoten von u einschließlich u selbst. Wenn X in diesem Falle eine maximale unabhängige Menge von G ist, so gilt

$$\alpha(G) = \alpha\left(H - (N(u) \cup \{v, w\})\right) + \alpha\left(K - (N(u) \cup \{v, w\})\right) + 1.$$

Für jede Teilmenge $X \subseteq U$ sei $H(X)$ der Graph, der aus H durch Entfernen aller Knoten aus U und der Nachbarschaft aller Knoten aus X hervorgeht. Analog sei $K(X)$ definiert. Dann folgt

$$\alpha(G) = \max_{\substack{X \subseteq U \\ X \text{ unabh.}}} \left\{ \alpha\left(H(X)\right) + \alpha\left(K(X)\right) + |X| \right\}. \tag{6.1}$$

Das Maximum läuft über alle *unabhängigen* Teilmengen von U. Für unser Beispiel mit $|U| = 3$ sind für H und K jeweils maximal $2^3 = 8$ Einzelbestimmungen der Unabhängigkeitszahl erforderlich.

6.3.2 Ein Berechnungsbeispiel

Besonders nützlich ist die Beziehung (6.1), wenn die Graphen K und H isomorph sind, da dann die Bestimmung der Unabhängigkeitszahl für nur einen dieser Graphen ausgeführt werden muss. Man kann sich leicht überlegen, dass die Unabhängigkeitszahl eine Grapheninvariante ist, denn die Mächtigkeit einer unabhängigen Menge bleibt bei einer Permutation der Knotenmenge erhalten.

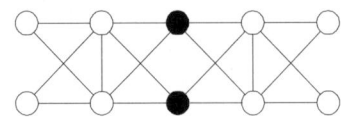

Bild 6.9: Graph mit symmetrischer Trennung

Bild 6.9 zeigt einen Graphen G mit einer schwarz markierten trennenden Knotenmenge U, die den Graphen in zwei isomorphe Untergraphen H und K zerlegt.

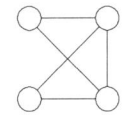

Bild 6.10: $H(\emptyset)$

Bild 6.10 zeigt den Graphen $H(\emptyset)$, der aus H durch Entfernen der beiden Knoten der trennenden Knotenmenge hervorgeht. Wir erhalten $\alpha(H(\emptyset)) = 2$. Die Graphen $H(X)$ bestehen für alle anderen Teilmengen $X \subseteq U$ aus genau zwei isolierten Knoten, sodass für diese Graphen ebenfalls $\alpha(H(X)) = 2$ folgt. Da für K genau dieselben Aussagen gelten, folgt nach Gleichung (6.1)

$$\begin{aligned} \alpha(G) &= \alpha(H(U)) + \alpha(K(U)) + |U| \\ &= 2 + 2 + 2 \\ &= 6. \end{aligned}$$

6.3.3   Die Berechnung des chromatischen Polynoms

Auch die Berechnung des chromatischen Polynoms eines Graphen G mit einer trennenden Knotenmenge U kann mit einer Zerlegungsformel ähnlich der Gleichung (6.1) ausgeführt werden. Es seien wieder H und K die durch Trennung an U entstandenen Untergraphen. Die Menge alle Partitionen von U, deren Blöcke ausschließlich unabhängige Mengen von G bilden, sei $\Pi(U)$. Für jede Partition $\pi \in \Pi(U)$ sei H_π der Graph, der aus G durch Fusion jeweils aller Knoten eines Blockes von π zu einem einzigen Knoten hervorgeht, wobei der durch Fusion entstandene Knoten jeweils zu genau jenen Knoten von H adjazent sei, die vorher zu wenigstens einem der an der Fusion beteiligten Knoten adjazent waren. Anschließend werden alle Knoten, die Blöcken von π entsprechen, durch Kanten miteinander verbunden, sofern sie nicht bereits adjazent sind.

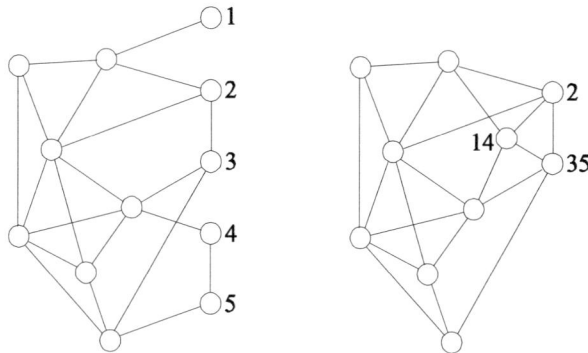

Bild 6.11: Ein Untergraph H und $H_{14/2/35}$

Bild 6.11 zeigt diese Operation an einem Beispielgraphen. Die Schreibweise
14/2/35 ist hierbei eine Kurzform für die Partition $\{\{1,4\}, \{2\}, \{3,5\}\}$ der
trennenden Knotenmenge $U = \{1,2,3,4,5\}$. Für den zweiten Untergraphen
K sei K_π analog definiert. Das chromatische Polynom von G genügt dann
der Beziehung

$$P(G,x) = \sum_{\pi \in \Pi(U)} \frac{1}{x^{\underline{|\pi|}}} P(H_\pi, x) P(K_\pi, x). \tag{6.2}$$

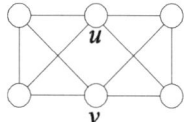

Bild 6.12: Beispiel zur Berechnung des chromatischen Polynoms

Als Beispiel betrachten wir den Graphen $G = H \cup K$ nach Bild 6.12 mit der
trennenden Knotenmenge $U = \{u, v\}$. Die unabhängigen Partitionen von U
sind $\{\{u, v\}\}$ und $\{\{u\}, \{v\}\}$. Die Graphen H_{uv} und K_{uv} sind isomorph zum
vollständigen Graphen K_3. Dieser besitzt das chromatische Polynom $x^{\underline{3}}$. Die
Graphen $H_{u/v}$ und $K_{u/v}$ sind isomorph zum vollständigen Graphen K_4, der

das chromatische Polynom $x^{\underline{4}}$ besitzt. Nach Gleichung (6.2) folgt

$$
\begin{aligned}
P(G,x) &= \frac{1}{x^{\underline{1}}} \left(x^{\underline{3}}\right)^2 + \frac{1}{x^{\underline{2}}} \left(x^{\underline{4}}\right)^2 \\
&= x\left(x-1\right)^2 \left(x-2\right)^2 + x\left(x-1\right)\left(x-2\right)^2 \left(x-3\right)^2 \\
&= x^6 - 10x^5 + 41x^4 - 84x^3 + 84x^2 - 32x.
\end{aligned}
$$

6.4 Partielle k-Bäume

Die Bestimmung der Unabhängigkeitszahl und des chromatischen Polynoms haben uns gezeigt, dass trennende Knoten geringer Mächtigkeit sehr nützlich für die Berechnung von Graphenkenngrößen sind. Neben diesen beiden Beispielen haben trennende Knotenmengen viele weitere Anwendungen, unter anderem auch bei der Lösung des Rundreiseproblems. Wir beobachten jedoch sowohl in Gleichung (6.1) wie auch in Gleichung (6.2), dass die Anzahl der Einzelberechnungen für die Untergraphen exponentiell mit der Mächtigkeit der trennenden Knotenmenge wächst. Deshalb ist die Existenz *kleiner* trennender Knotenmengen eine wesentliche Voraussetzung für die praktische Anwendbarkeit dieser Beziehungen. Tatsächlich lässt sich die algorithmische Lösung vieler Probleme in Graphen, die wiederholt an kleinen trennenden Knotenmengen zerlegt werden können, besonders effizient gestalten. Die Klasse dieser Graphen soll im Folgenden genauer untersucht werden.

6.4.1 k-Bäume

Ein k-**Baum** ist ein Graph, der rekursiv wie folgt definiert werden kann:

- Ein vollständiger Graph mit $k+1$ Knoten ist ein k-Baum.
- Wenn G ein k-Baum ist, der eine Clique mit den k Knoten $\{v_1, \ldots, v_k\}$ enthält, so ist auch der Graph, der aus G durch Einfügen eines neuen Knotens v und k Kanten $\{v, v_1\}, \ldots, \{v, v_k\}$ entsteht, ein k-Baum.

Das Bild 6.13 zeigt einen 2-Baum. Dieser Graph sieht wirklich wie ein dickerer Baum aus. Wir können die oben gegebene Definition eines k-Baumes auch umkehren. Ein Graph ist genau dann ein k-Baum, wenn er sich durch wiederholtes Entfernen von Knoten vom Grade k, deren Nachbarschaft eine Clique bildet, auf einen vollständigen Graphen mit $k+1$ Knoten reduzieren lässt. Ein k-Baum lässt sich durch wiederholte Zerlegung an trennenden Knotenmengen der Mächtigkeit k in immer kleinere Untergraphen teilen.

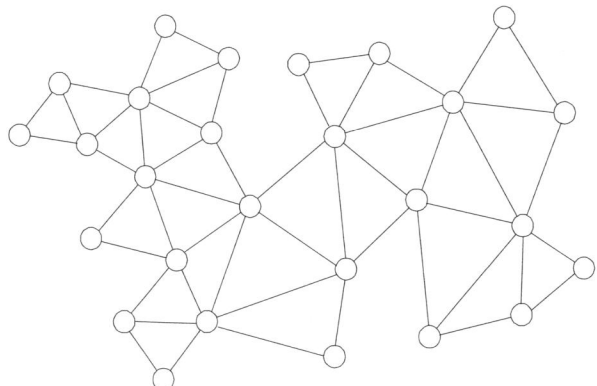

Bild 6.13: Ein 2-Baum

6.4.2 Partielle k-Bäume

Nun sind jedoch k-Bäume infolge der speziellen Definition praktisch recht seltene Graphen. Glücklicherweise sind jedoch Untergraphen von k-Bäumen für algorithmische Zwecke ebenso angenehm wie k-Bäume selbst. Ein **partieller k-Baum** ist ein Graph, der durch Entfernen von Kanten aus einem k-Baum hervorgeht. Das Bild 6.14 zeigt einen partiellen 3-Baum.

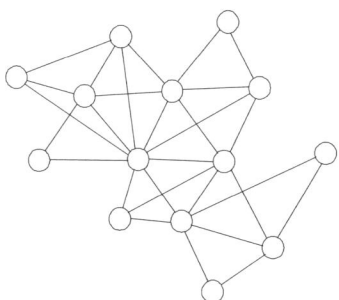

Bild 6.14: Ein partieller 3-Baum

Satz 6.2
Wenn ein schlichter Graph G ein partieller k-Baum ist, so gilt für den Minimalgrad $\delta(G) \leq k$.

Diese Aussage folgt unmittelbar aus der Definition des k-Baumes. Ebenso leicht sieht man auch die folgende Aussage.

Satz 6.3
Für einen partiellen k-Baum mit der Knotenzusammenhangszahl $\kappa(G)$ gilt $\kappa(G) \leq k$.

Ein schlichter Graph mit n Knoten kann höchstens $\dfrac{n(n-1)}{2}$ Kanten besitzen, da der vollständige Graph K_n in diesem Falle eine Schranke für die Kantenanzahl liefert. Wenn der Graph ein k-Baum ist, so kann diese Schranke verschärft werden.

Satz 6.4
Ein partieller k-Baum mit $n > k$ Knoten kann höchstens

$$kn - \frac{k(k+1)}{2}$$

Kanten besitzen.

Beweis: Die maximale Anzahl von Kanten tritt sicher dann auf, wenn der partielle k-Baum ein k-Baum ist. Dann besitzt er laut Definition des k-Baumes mindestens $k+1$ Knoten. Angenommen, der Graph hat genau $k+1$ Knoten. Dann ist die Anzahl seiner Kanten

$$\frac{k(k+1)}{2} = k(k+1) - \frac{k(k+1)}{2},$$

sodass die Aussage des Satzes erfüllt ist. Ein k-Baum mit $n > k+1$ Knoten ist laut Definition des k-Baumes aus einem vollständigen Graphen mit $k+1$ Knoten durch Zufügen von $n - (k+1)$ Knoten vom Grade k entstanden. Damit besitzt er

$$\frac{k(k+1)}{2} + k(n-k-1) = kn - \frac{k(k+1)}{2}$$

Kanten. $\square$

6.4.3   Serien-Parallel-Graphen

Eine **Serienersetzung** in einem Graphen $G = (V, E)$ ist das Entfernen eines Knotens v vom Grade 2 und das Einsetzen einer neuen Kante in G, welche die beiden Nachbarn von v verbinden. Bild 6.15 illustriert diese Operation.

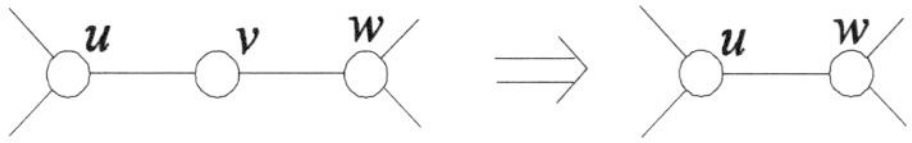

Bild 6.15: Die Serienersetzung

Die **Parallelersetzung** in einem Graphen $G = (V, E)$ ersetzt zwei Kanten $e = \{u, v\}$ und $f = \{u, v\}$, die dieselben Knoten verbinden, durch eine einfache Kante $g = \{u, v\}$. Bild 6.16 zeigt eine Parallelersetzung.

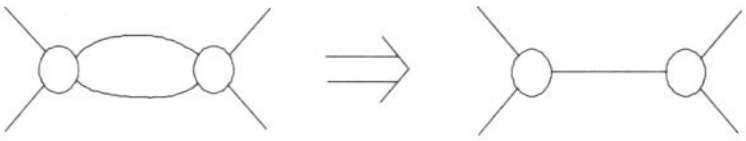

Bild 6.16: Die Parallelersetzung

Ein Graph heißt **Serien-Parallel-Graph** oder kurz *sp*-**Graph**, wenn er durch eine Folge von Serienersetzungen, Parallelersetzungen und Kontraktionen von Brücken zu einer Menge isolierter Knoten reduziert werden kann. Aus dieser Definition folgt unmittelbar, dass ein zweifach zusammenhängender Graph genau dann ein *sp*-Graph ist, wenn er durch eine Folge von Serienersetzungen und Parallelersetzungen in eine Kante umgewandelt werden kann. Serien-Parallel-Graphen spielen in der Theorie elektrischer Netzwerke und in der Zuverlässigkeitstheorie eine besondere Rolle.

Satz 6.5
Ein schlichter Graph ist genau dann ein sp-Graph, wenn er ein partieller 2-Baum ist.

Der Beweis dieses Satzes folgt ebenfalls sehr leicht aus der Definition des k-Baumes. Ebenso sieht man auch schnell, dass ein 2-Baum stets ein planarer Graph ist. Für 3-Bäume trifft dies nicht mehr zu.

Probleme des höheren Zusammenhangs von Graphen spielen eine große Rolle für die Strukturtheorie von Graphen, für die Topologie und für die Entwicklung von Graphenalgorithmen. Eine tiefere Einführung in dieses Gebiet liefert das Buch von Diestel [11]. Algorithmische Anwendungen werden unter anderem in dem Buch von Brandstädt [9] behandelt.

Aufgaben

6.2 Welche Knotenzusammenhangszahl besitzt der **Torus** $C_4 \times C_4$?

6.1 Es sei G ein beliebiger Graph und e eine Kante von G. Welche Beziehung besteht zwischen den Knotenzusammenhangszahlen der Graphen G und $G - e$?

6.3 Finden Sie einen nichtplanaren 3-Baum mit 6 Knoten.

6.4 Bestimmen Sie das chromatische Polynom für den dargestellten Graphen unter Verwendung von Gleichung (6.2).

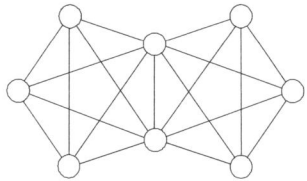

6.5 Zeigen Sie, dass dieser Graph durch eine Folge von Serien- und Parallelersetzungen zu einer Kante reduziert werden kann.

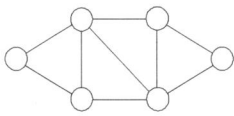

6.6 Bestimmen Sie durch Anwendung von Gleichung (6.1) die Unabhängigkeitszahl des dargestellten Graphen.

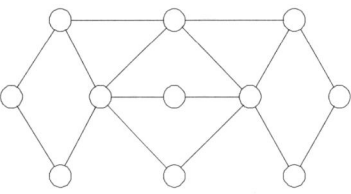

6.7 Welche Kantenzusammenhangszahl kann ein schlichter Graph mit 8 Knoten und 16 Kanten maximal besitzen?

6.8 Es sei G ein Graph und T ein Gerüst von G. Zeigen Sie, dass jeder Schnitt von G eine Kante von T enthält.

7 Bäume

Bäume sind für viele Anwendungen besonders interessant. Sie treten in der Chemie als Molekülgraphen auf. In der Informatik spielen Bäume eine große Rolle als Datenstrukturen für das effiziente Verwalten von Datenbanken, für Suchprobleme und Sortierverfahren. In der Biologie treten Stammbäume auf. Bäume bieten eine übersichtliche Darstellung hierarchischer Systeme, die unter anderem in der Soziologie untersucht werden. Oft haben die in den Anwendungen auftretenden Bäume zusätzliche Eigenschaften. So ist in einigen Fällen ein bestimmter Knoten als Wurzel ausgezeichnet. In anderen Fällen unterliegen die Knotengrade gewissen Einschränkungen. Die Knotengrade folgen zum Beispiel in der Chemie aus Valenzbedingungen, die Atome in einer chemischen Bindung erfüllen müssen.

7.1 Eigenschaften von Bäumen

Wir wissen bereits, dass ein Baum ein zusammenhängender kreisfreier Graph ist. In einem Baum besteht zwischen je zwei Knoten genau ein Weg. Ein Baum mit n Knoten besitzt genau $n-1$ Kanten. Jeder Baum mit mindestens zwei Knoten enthält mindestens zwei Knoten vom Grade 1. Wir nennen diese Knoten vom Grade 1 auch die **Blätter** des Baumes. Wenn wir zu einem Baum genau eine Kante hinzufügen, so entsteht genau ein Kreis. Die Menge $\mathcal{T}$ aller Bäume lässt sich auch rekursiv definieren:

- Jeder Graph der Form $(\{v\}, \emptyset)$, der nur aus einem isolierten Knoten besteht, ist ein Baum aus $\mathcal{T}$.
- Wenn $T \in \mathcal{T}$ ein Baum und v ein Knoten von T ist, so ist auch der Graph, der aus T durch Hinzunahme eines Knotens w und einer Kante $e = \{v, w\}$ entsteht, ein Baum.

Diese Beschreibungsform liefert die Grundlage für die algorithmische Konstruktion von Bäumen. Jeder Baum kann, ausgehend von einem einzelnen Knoten, durch wiederholtes Anfügen von Knoten, die zu genau einem bestehenden Knoten adjazent sind, konstruiert werden.

Das Zentrum eines Baumes mit mindestens drei Knoten verändert sich nicht, wenn wir alle Blätter des Baumes entfernen. Wenn wir dieses Entfernen aller Blätter rekursiv fortsetzen bis weniger als drei Knoten verbleiben, so erhalten wir die folgende Aussage.

Satz 7.1
Das Zentrum eines Baumes besteht stets aus einem oder zwei Knoten.

7.1.1   Die Anzahl der Bäume

Wie viele Bäume mit n Knoten gibt es? Die Beantwortung dieser Frage ist zum Beispiel für die Untersuchung der Effizienz von Algorithmen, die auf Baumstrukturen arbeiten, wesentlich. Bevor die Frage beantwortet werden kann, müssen wir genau festlegen, wann wir zwei Bäume als unterschiedlich ansehen wollen. Bild 7.1 zeigt uns alle 16 verschiedenen Bäume mit vier Knoten.

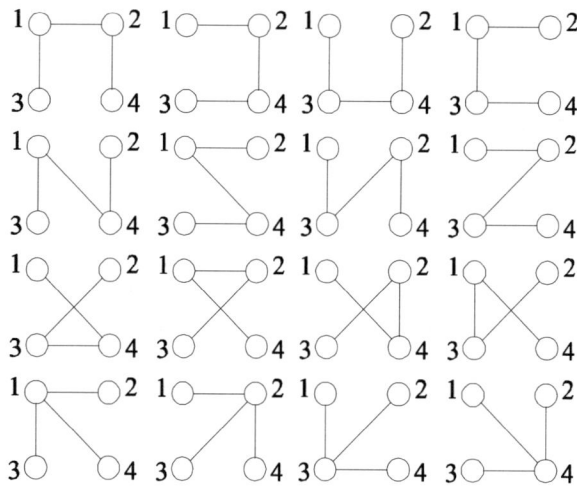

Bild 7.1: 16 verschiedene Bäume mit 4 Knoten

Wenn wir die Knoten als nicht unterscheidbar annehmen, so verbleiben nur die zwei in Bild 7.2 dargestellten Isomorphieklassen dieser Bäume.

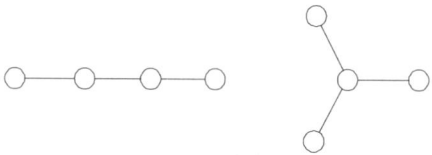

Bild 7.2: Isomorphieklassen von Bäumen

Wir werden zunächst annehmen, dass die Knoten unterscheidbar sind, sodass die richtige Antwort nach der Anzahl der Bäume mit vier Knoten 16 lauten sollte. Die Bestimmung der Anzahl der Isomorphieklassen ist ein weitaus schwierigeres Problem.

7.1.2 Der Prüfercode und der Satz von Cayley

HEINZ PRÜFER (1896 – 1934) entdeckte eine interessante Bijektion, die das Problem der Anzahlbestimmung der Bäume sehr vereinfacht. Die Knotenmenge eines Baumes mit n Knoten sei im Folgenden stets $\{1, ..., n\}$. Wir ordnen jedem Baum T mit n ($n > 2$) Knoten ein **Wort** über dem **Alphabet** $\{1, ..., n\}$ zu. Ein Alphabet ist hier einfach eine endliche Menge von Zeichen (hier sind es die Zahlen zwischen 1 und n). Ein Wort im mathematischen Sinne ist einfach eine Folge von Buchstaben (Zeichen) eines Alphabetes.

Wir wählen das Blatt v des Baumes mit der kleinsten Nummer. Der eindeutig bestimmte Nachbar w von v sei der erste Buchstabe des Wortes. Wir entfernen nun den Knoten v und erhalten einen neuen Baum $\tilde{T} = T - v$. Der zweite Buchstabe unseres Wortes ist dann der Nachbar des Blattes x mit der kleinsten Nummer in $\tilde{T}$. Dann entfernen wir x aus $\tilde{T}$. Dieser Prozess endet, wenn nur noch zwei Knoten im Baum verbleiben. Dann besitzt das Wort $n - 2$ Buchstaben.

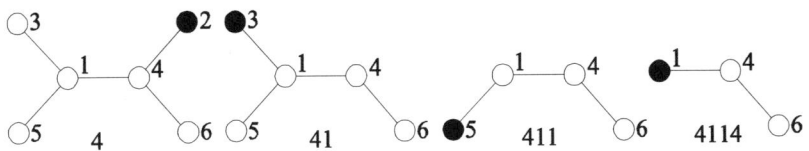

Bild 7.3: Die Prüfer-Bijektion

Das Bild 7.3 zeigt diese Konstruktion für einen Baum mit sechs Knoten. Das Blatt mit der kleinsten Knotennummer ist jeweils schwarz dargestellt. Das entstehende Wort ist hier 4114.

Das Schöne an dieser Zuordnung ist, dass sie sich auch eindeutig umkehren lässt. Wie können wir unseren Baum aus dem Wort $w = 4114$ wiedergewinnen? Wir geben uns zunächst n isolierte Knoten vor, die mit den Zahlen $1, ..., n$ nummeriert sind. Jede dieser n Zahlen wird genau einmal betrachtet. Wir beginnen mit der kleinsten Zahl, die nicht in w vorkommt. Das ist die 2. Dieser Knoten wird mit dem ersten Knoten von w (mit dem Knoten 4) verbunden und w um diesen Knoten gekürzt, sodass nun $w = 114$ verbleibt. Der nächstkleinste Knoten, der nicht in dem Wort 114 vorkommt, ist 3. Dieser wird mit dem ersten Knoten von dem verbleibenden Restwort, also mit 1 verbunden. Anschließend wird w um den ersten Buchstaben verkürzt, sodass $w = 14$ verbleibt.

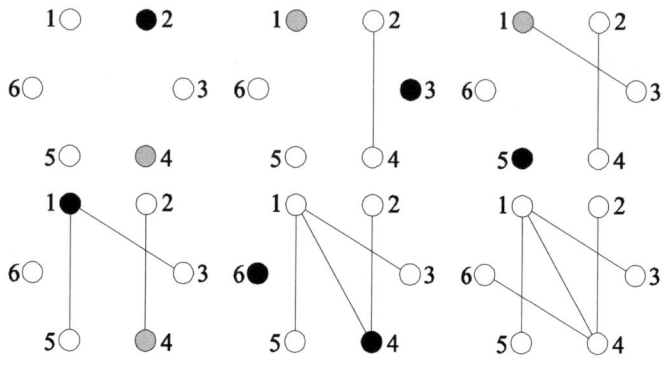

Bild 7.4: Die Umkehrung der Bijektion

Bild 7.4 zeigt den Aufbau des Baumes. Der jeweils kleinste noch nicht verwendete Knoten ist schwarz dargestellt, der Anfangsknoten des Restwortes grau. Wenn das Wort alle Buchstaben verloren hat, verbleiben noch genau zwei ungenutzte Knoten (hier 4 und 6). Diese werden durch eine letzte Kante verbunden und der Baum ist fertig. Tatsächlich ist der Ausgangsbaum entstanden, auch wenn die Zeichnung des Baumes nun etwas anders aussieht.

Jedem Baum mit n Knoten entspricht umkehrbar eindeutig ein Wort mit $n - 2$ Buchstaben Jeder Buchstabe ist eine Zahl zwischen 1 und n. Da die einzelnen Buchstaben unabhängig voneinander gewählt werden können, gibt es n^{n-2} verschiedene derartige Wörter. Damit erhalten wir ein von ARTHUR CAYLEY (1821 – 1895) erstmals gefundenes Resultat.

Satz 7.2 (Cayley)
Es gibt n^{n-2} verschiedene Bäume mit n Knoten.

Dieses Ergebnis lässt sich auch als Folgerung aus dem Satz von Kirchhoff (Satz 2.2) ableiten, da Bäume auch als Gerüste eines vollständigen Graphen interpretiert werden können. Dazu ist es erforderlich, die Determinante

$$\begin{vmatrix} n-1 & -1 & -1 & \cdots & -1 \\ -1 & n-1 & -1 & \cdots & -1 \\ -1 & -1 & n-1 & \cdots & -1 \\ & \vdots & & \ddots & \vdots \\ -1 & -1 & -1 & \cdots & n-1 \end{vmatrix}$$

zu berechnen. Diese Determinante, die aus der Laplace-Matrix des vollständigen Graphen resultiert, hat das Format $(n-1) \times (n-1)$. Wir überlassen es dem Leser zu zeigen, dass der Wert dieser Determinante tatsächlich n^{n-2} ist.

7.1.3 Isomorphieklassen von Bäumen

Das Zählen von Isomorphieklassen von Bäumen (von Bäumen, die nicht isomorph zueinander sind) ist weitaus schwieriger abzuleiten als die bisherigen Ergebnisse. Es erfordert eine von GEORGE POLYA (1887 – 1985) entwickelte Abzähltheorie, die ihrerseits auf Methoden aus der Gruppentheorie (ein Teilgebiet der Algebra zur Beschreibung von Symmetrien) aufbaut. Einen guten Überblick dazu liefert das Buch von Harary und Palmer [14]. Wir geben hier nur einige numerische Ergebnisse dieser Theorie in Form der Tabelle 7.1 an. Für 1, 2 und 3 Knoten gibt es jeweils nur eine Isomorphieklasse.

Tabelle 7.1: Anzahl nichtisomorpher Bäume mit n Knoten

n	4	5	6	7	8	9	10	11	12	13	14
T_n	2	3	6	11	23	47	106	235	551	1301	3159

7.2 Wurzelbäume

Ein **Wurzelbaum** ist ein Baum T mit einem speziell ausgezeichneten Knoten – der **Wurzel** des Baumes. Wenn ein Knoten x auf dem Wege von der Wurzel zu einem Knoten y $(y \neq x)$ liegt, so heißt x ein **Vorgänger** von y. Der Knoten y ist in diesem Falle ein **Nachfolger** von x. Wenn x ein Vorgänger von y ist, aber kein Nachfolger von x ebenfalls Vorgänger von y ist, so heißt x der **Vater** von y und y der **Sohn** von x. Der Vater ist folglich der unmittelbare Vorgänger des Sohns. Zwei Knoten, die denselben Vater haben, heißen **Brüder**. Wurzelbäume spielen für Datenbanken oder für Klassifikationsaufgaben eine große Rolle. Bild 7.5 zeigt einen Baum zur (unvollständigen) Klassifikation der Lebewesen.

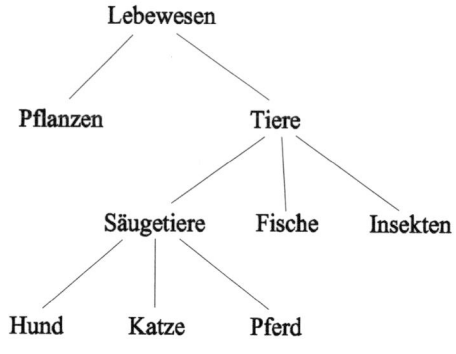

Bild 7.5: Ein Baum aus der Biologie

7.2.1   Planare Bäume und Binärcodes

In der Informatik kommt es im Zusammenhang mit Verwaltungsaufgaben in Datenbanken außerdem darauf an, bestimmte Einträge (Knoten) eines Wurzelbaumes schnell zu finden (siehe auch Knuth [15] und [16]).

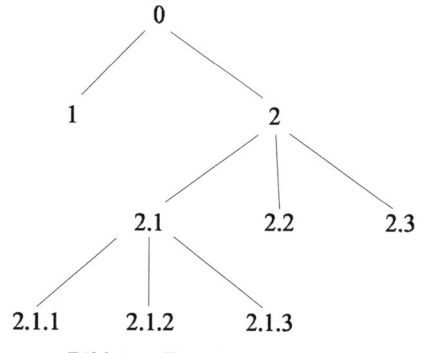

Bild 7.6: Ein planarer Baum

Dieses Ziel wird durch eine Nummerierung der Söhne jedes Knotens erreicht. Wenn wir vereinbaren, jeden Knoten stets oberhalb seiner Söhne darzustellen und die Söhne eines Knotens von links nach rechts entsprechend aufsteigender Nummerierung zu zeichnen, so erhalten wir eine geordnete Darstellung eines Wurzelbaumes. Man nennt diese Bäume daher auch **geordnete Wurzelbäume** oder **planare Bäume**. Bild 7.6 zeigt einen planaren Baum. Der letzte Ausdruck resultiert daher, dass die Reihenfolge der Söhne in diesem Falle aus der planaren Einbettung des Baumes hervorgeht. Wir erkennen, dass die Ordnung eine Art **Adresse** zum Auffinden der einzelnen Knoten liefert.

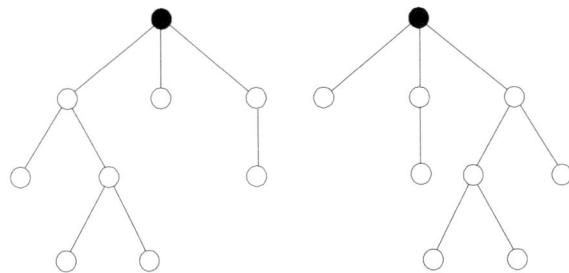

Bild 7.7: Zwei planare Bäume

Als Wurzelbäume betrachtet sind die beiden im Bild 7.7 dargestellten Bäume identisch. Als planare Bäume unterscheiden sie sich jedoch. Die Wurzel ist jeweils schwarz gekennzeichnet. Die größte Länge eines Weges von einem Blatt zur Wurzel des Baumes nennen wir die **Höhe** des Baumes. Der planare Baum aus Bild 7.6 hat die Höhe 3. Ein planarer Baum kann mit einer 01-Folge kodiert werden.

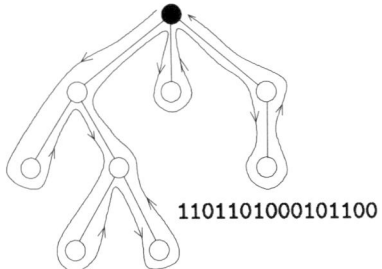

1101101000101100

Bild 7.8: Binärcode eines planaren Baumes

Um einem planaren Baum ein Binärwort zuzuordnen, umwandern wir den Baum von der Wurzel nach links unten beginnend. Das Bild 7.8 zeigt den Weg der Wanderung. Ein **Schritt** einer solchen Wanderung führt uns von einem Knoten zum nächsten. Wenn wir einen tiefer gelegenen Knoten erreichen, so kennzeichnen wir den Schritt durch eine 1. Eine 0 entspricht einem Schritt nach oben. Auf diese Weise wird einem planaren Baum mit n Knoten ein Binärwort mit $2n - 2$ Stellen, von denen $n - 1$ Nullen und $n - 1$ Einsen sind, zugeordnet. Das Binärwort hat noch eine interessante Eigenschaft. Wenn wir ein solches Wort von links nach rechts lesen, so ist die Anzahl der Nullen an keiner Stelle größer als die Anzahl der bisher gelesenen Einsen. Das liegt daran, dass wir nur so viel Schritte nach oben gehen, wie wir vorher nach unten gewandert sind. Der **Binärcode** eines planaren Baumes bietet eine sehr effiziente Möglichkeit der Speicherung eines solchen Baumes.

7.3   Binäre Bäume

Ein **binärer Baum** ist ein Wurzelbaum, in dem jeder Knoten nur 0, 1 oder 2 Söhne haben kann. Die Söhne eines Knotens unterscheiden wir hierbei stets in den **linken Sohn** und in den **rechten Sohn**.

Bild 7.9: Binäre Bäume

Folglich unterscheiden sich die beiden im Bild 7.9 dargestellten binären Bäume. Manchmal spricht man auch von **geordneten binären Bäumen**, um den Unterschied zu anderen Wurzelbäumen hervorzuheben. Da wir hier nur geordnete binäre Bäume betrachten, bleiben wir bei der kürzeren Bezeichnung binäre Bäume.

7.3.1   Die Anzahl der binären Bäume

Wie viele binäre Bäume mit n Knoten gibt es? Die Beantwortung dieser Frage wird durch die folgende rekursive Definition binärer Bäume erleichtert. Ein binärer Baum ist entweder leer oder er besteht aus einer Wurzel mit zwei disjunkten binären Bäumen – dem linken und dem rechten Teilbaum. Es sei t_n die Anzahl der binären Bäume mit genau n Knoten. Wir finden sehr schnell $t_0 = 1$ und $t_1 = 1$. Wenn ein binärer Baum $n > 0$ Knoten besitzt, so ist einer dieser Knoten die Wurzel. Die restlichen $n - 1$ Knoten teilen sich in den linken Teilbaum und in den rechten Teilbaum. Wenn der linke Teilbaum k Knoten besitzt, so muss der rechte Teilbaum $n - k - 1$ Knoten besitzen. Jeder der t_k linken Teilbäume kann mit jedem der t_{n-k-1} rechten Teilbäume

Tabelle 7.2: Die Catalan-Zahlen

n	0	1	2	3	4	5	6	7	8	9	10
t_n	1	1	2	5	14	42	132	429	1430	4862	16796

kombiniert auftreten. Damit folgt

$$t_n = \sum_{k=0}^{n-1} t_k t_{n-k-1}, \ n \geq 1. \tag{7.1}$$

Die Gleichung (7.1) liefert zusammen mit der Anfangsbedingung $t_0 = 0$ sehr schnell die in Tabelle 7.2 angegebenen Zahlen. Diese Zahlen heißen auch **Catalan-Zahlen** (nach EUGENE CHARLES CATALAN, 1814–1894). Sie lassen sich explizit mit Hilfe der Binomialkoeffizienten darstellen:

$$t_n = \frac{1}{n+1} \binom{2n}{n}$$

Die Ableitung dieser Beziehung erfolgt am einfachsten durch Einführung erzeugender Funktionen. Die Details findet der interessierte Leser in Lehrbüchern zur Kombinatorik (siehe zum Beispiel [24]).

Satz 7.3
Die Anzahl der planaren Bäume mit $n + 1$ Knoten ist gleich der Anzahl der binären Bäume mit n Knoten, nämlich

$$\frac{1}{n+1} \binom{2n}{n}.$$

Beweis: Die letzte Aussage des Satzes haben wir bereits gezeigt. Es bleibt nachzuweisen, dass die Anzahl der planaren Bäume mit $n+1$ Knoten mit der Anzahl der binären Bäume mit n Knoten übereinstimmt. Wir zeigen diese Übereinstimmung mit einer Bijektion zwischen planaren und binären Bäumen. Wir ordnen zunächst einem gegebenen binären Baum B einen planaren Baum P zu. Die Knotenmenge von P ist die Knotenmenge des binären Baums B zuzüglich einer neuen Wurzel w, die durch eine Kante mit der Wurzel des binären Baumes verbunden wird. Ein Knoten wird genau dann rechter Bruder von u in P, wenn v rechter Sohn von u in B ist. Der Knoten v wird genau dann Sohn von u in P, wenn v linker Sohn von u in B ist. Das Bild 7.10 zeigt diese Bijektion an einem Beispiel.

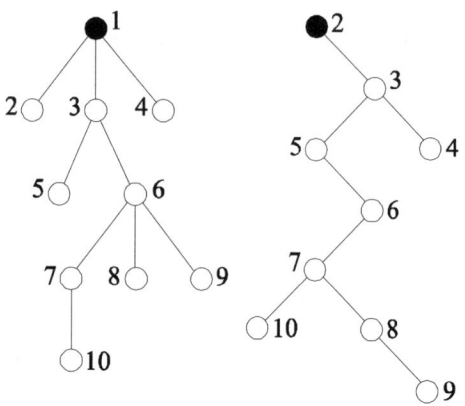

Bild 7.10: Bijektion zwischen planaren und binären Bäumen

Es sei nun P ein planarer Baum. Wir erhalten die Knotenmenge des P zuge-ordneten binären Baumes B durch Entfernen der Wurzel von P. Als Wurzel von B wählen wir den ersten (linken) Sohn der Wurzel von P. Ein Knoten v wird genau dann ein linker Sohn von u in B, wenn v erster Sohn von u in P ist. Der Knoten v wird rechter Sohn von u in B, wenn v rechter Bruder von u in P ist. $\square$

Aufgaben

7.1 Das Bild zeigt die Strukturformel von Pentan.

$$
\begin{array}{ccccccccc}
& H & & H & & H & & H & & H \\
& | & & | & & | & & | & & | \\
H- & C & - & C & - & C & - & C & - & C & -H \\
& | & & | & & | & & | & & | \\
& H & & H & & H & & H & & H \\
\end{array}
$$

Die Struktur von allen Alkanen kann durch Bäume dargestellt werden, die ausschließlich Knoten vom Grade 1 und 4 haben. Wie viele nichtiso-morphe Bäume mit 6 Knoten vom Grade 4 und 14 Knoten vom Grade 1 gibt es?

7.2 Wie viele nichtisomorphe Bäume mit 10 Knoten und genau drei Blät-tern gibt es?

7.3 Bestimmen Sie die Prüfer-Folge für diesen Baum.

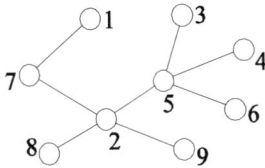

7.4 Wie viele verschiedene planare Bäume mit vier Knoten gibt es? Zeichnen Sie diese Bäume.

7.5 Zeichnen Sie alle binären Bäume mit vier Knoten.

7.6 Wie viele der n^{n-2} verschiedenen Bäume mit n Knoten sind Wege?

7.7 Es sei T ein Baum mit mindestens zwei Knoten, der kein Weg ungerader Länge ist. Zeigen Sie, dass in T stets zwei Blätter mit einem geraden Abstand voneinander existieren.

7.8 Eine Flasche mit 12 l Wasser soll in zwei gleiche Teile zu je 6 l aufgeteilt werden. Dafür stehen zwei leere Flaschen mit 8 l und 5 l Fassungsvermögen zur Verfügung. Wie oft man man mindestens umfüllen, um dieses Ziel zu erreichen?
Hinweis: Nutzen Sie einen Baum, um die Umfüllungen darzustellen.

7.9 Wie viele Knoten kann ein binärer Baum der Höhe h maximal besitzen?

8 Kreise

Kreise in Graphen spielen für viele Optimierungsprobleme eine wesentliche Rolle. So muss zum Beispiel ein Lieferservice, der bestimmte Orte im Laufe eines Tages beliefern soll, um anschließend zum Ausgangsort zurückzukehren, einen geschlossenen Kantenzug in dem Graphen eines Straßennetzes durchlaufen. Eines der bekanntesten Optimierungsprobleme auf Graphen ist das **Rundreiseproblem**. Hierbei ist ein Graph $G = (V, E)$ und eine Längenfunktion $f : E \to \mathbb{R}^+$ gegeben, die jeder Kante eine positive reelle Zahl (ihre Länge) zuordnet. Gesucht ist eine Rundreise, die jeden Knoten des Graphen exakt einmal besucht und zum Ausgangsknoten zurückkehrt, wobei die Gesamtlänge dieser Reise minimal sein soll. Hier tritt bereits ein erstes Problem auf: Gibt es überhaupt in jedem Graphen eine solche Rundreise?

Ein ganz anderes Problem hat der Briefträger. Er will in möglichst kurzer Zeit alle Straßenzüge eines Ortes durchlaufen. Gesucht ist somit hier ein geschlossener Kantenzug minimaler Länge, der alle Kanten einmal durchläuft. Knoten (Kreuzungen) können auch mehrmals besucht werden. Gibt es in einem gegebenen Graphen eine Möglichkeit, alle Kanten genau einmal mit einem geschlossenen Kantenzug zu durchlaufen?

Kreise in Graphen haben viele weitere Anwendungen. Sie bilden die Grundlage für das Aufstellen von Maschengleichungen in der Elektrotechnik und sie sind die Elementarbausteine für die Konstruktion planarer Einbettungen.

8.1 Kreise in Graphen

In den vorangehenden Kapiteln haben wir bereits mehrmals Kreise in Graphen genutzt, um bestimmte Grapheneigenschaften zu charakterisieren. Ein Graph ist genau dann 2-zusammenhängend, wenn beliebige zwei seiner Knoten auf einem gemeinsamen Kreis liegen (Folgerung 6.1). Nach Satz 1.4 ist ein Graph genau dann bipartit, wenn er keine Kreise ungerader Länge besitzt. In diesem Falle ist der Graph auch mit zwei Farben zulässig färbbar. Ein Kreis eines Graphen ist stets vollständig in einem Block dieses Graphen enthalten. Ein zusammenhängender Graph G mit n Knoten besitzt genau dann einen Kreis, wenn G mindestens n Kanten enthält. Diese Aussage folgt direkt aus Satz 1.3. Sie lässt sich auch leicht wie folgt verallgemeinern.

Satz 8.1
Ein Graph mit n Knoten, c Komponenten und mehr als $n - c$ Kanten besitzt einen Kreis.

8.1.1 Taille und Umfang

Unter der **Taille** $g(G)$ (englisch: **girth**) eines Graphen G versteht man die Länge eines kürzesten Kreises von G. Der **Umfang** eines Graphen G ist die Länge eines längsten Kreises von G. Die maximal mögliche Taille eines Graphen nimmt schnell mit wachsender Kantenzahl ab. Wenn ein Graph n Knoten und n Kanten besitzt, so kann die Taille ebenfalls n betragen. Besitzt der Graph G jedoch $n + 1$ Kanten, so gilt

$$g(G) \leq \frac{2\,(n+1)}{3}. \tag{8.1}$$

Tatsächlich hat ein Graph mit n Knoten und $n + 1$ Kanten mindestens zwei Kreise. Wenn diese beiden Kreise keine Kante gemeinsam haben, so gilt $g(G) \leq \dfrac{n+1}{2}$. Wenn die beiden Kreise jedoch gemeinsame Kanten besitzen, so sieht der Graph wie im Bild 8.1 aus.

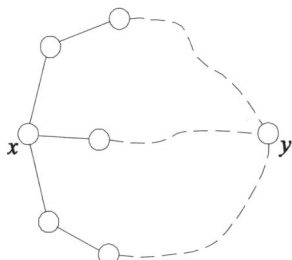

Bild 8.1: Ein Graph mit zwei Kreisen

Er besitzt dann drei Kreise, die jeweils die Knoten x und y enthalten. Der kleinste dieser drei Kreise erreicht maximale Länge, wenn die Kanten des Graphen gleichmäßig unter den drei xy-Wegen aufgeteilt sind, so dass jeder Weg $\dfrac{n+1}{3}$ Kanten besitzt. Da sich jeder Kreis aus genau zwei solchen Wegen zusammensetzt, folgt Ungleichung (8.1).

8.1.2 Basiskreise

Es sei G ein planarer Graph. Eine interessante Menge von Kreisen von G erhalten wir, wenn wir die Berandungen aller Flächen, mit Ausnahme der unendlichen Fläche, als Kreis wählen. Wir nennen diese Kreise auch **Basiskreise** des Graphen.

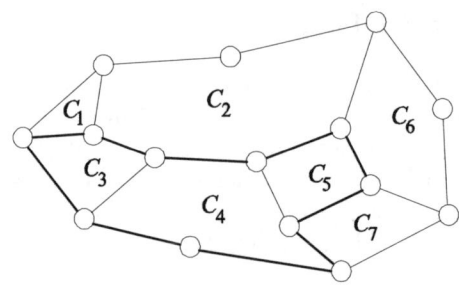

Bild 8.2: Basiskreise eines planaren Graphen

Das Bild 8.2 zeigt für einen Beispielgraphen die entstehende Menge von Kreisen $\{C_1, ..., C_7\}$. Im Folgenden betrachten wir einen Kreis als eine Kantenteilmenge. Tatsächlich ist ein Kreis eindeutig durch die Menge seiner Kanten bestimmt. Für zwei beliebige Mengen A, B ist die **symmetrische Differenz** $A \triangle B$ die Menge

$$A \triangle B = (A \cup B) \setminus (A \cap B)$$
$$= (A \setminus B) \cup (B \setminus A).$$

Der Leser kann leicht überprüfen, dass diese beiden Definitionen übereinstimmen. Die Menge der Basiskreise eines Graphen hat die wichtige Eigenschaft, dass sich jeder weitere Kreis des Graphen als symmetrische Differenz von Basiskreisen darstellen lässt. So ist der in Bild 8.2 fett dargestellte Kreis durch

$$C = C_3 \triangle C_4 \triangle C_5$$

gegeben. Umgekehrt ist nicht jede symmetrische Differenz von Basiskreisen ein Kreis des Graphen. Man kann zeigen, dass jede symmetrische Differenz einer Menge von Basiskreisen, einen Graphen induziert, der ausschließlich Knoten geraden Grades besitzt. Derartige Graphen besitzen für die Lösung des in der Einleitung des Kapitels erwähnten Briefträgerproblems eine große Bedeutung. Basiskreise spielen jedoch auch in der Elektrotechnik eine große Rolle. Bei der Analyse elektrischer Netzwerke benötigt man ein System unabhängiger Maschengleichungen, die genau den Basiskreisen des zugehörigen Graphen entsprechen.

Wenn der betrachtete Graph G nicht planar ist, so lässt sich ein System von Basiskreisen auf folgende Weise finden. Wir wählen ein Gerüst T von G. Jeder Basiskreis von G ist dann der eindeutig bestimmte Kreis, der entsteht, wenn man zu T genau eine Kante von G hinzufügt. Wenn G genau m Kanten und

n Knoten besitzt, so erhalten wir $m - n + 1$ Basiskreise. Eine Menge $\mathcal{B}$ von Basiskreisen ist stets eine minimale Menge von Kreisen eines Graphen G, sodass sich alle Kreise von G als symmetrische Differenz von Kreisen aus $\mathcal{B}$ darstellen lassen. Die Darstellung eines Kreises C als symmetrische Differenz von Kreisen aus $\mathcal{B}$ ist bis auf die Reihenfolge eindeutig bestimmt.

Es lässt sich weiterhin zeigen, dass ein Graph genau dann planar ist, wenn er eine Menge von Basiskreisen besitzt, sodass keine drei Basiskreise eine gemeinsame Kante haben.

8.2 Hamiltonkreise

Ein **Hamiltonkreis** eines Graphen $G = (V, E)$ ist ein Kreis von G, der alle Knoten aus V enthält. Hamiltonkreise spielen für das Rundreiseproblem eine besondere Rolle.

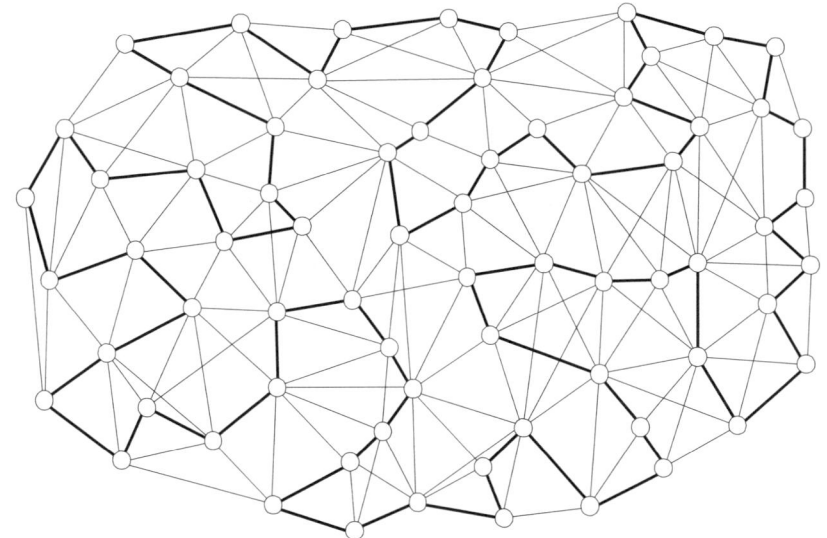

Bild 8.3: Ein Graph mit einem Hamiltonkreis

Die Bezeichnung Hamiltonkreis ist zurückzuführen auf ein von dem englischen Mathematiker WILLIAM ROWAN HAMILTON (1805 – 1865) erfundenes Spiel, bei dem es um das Auffinden einer Rundreise auf einem Ikosaeder geht. Das Bild 8.3 zeigt einen Graphen mit einem durch fette Kanten dargestellten Hamiltonkreis. Dieser Hamiltonkreis repräsentiert gleichzeitig eine kürzeste Rundreise durch diesen Graphen, wenn man als Kantenlängen die euklidischen Abstände der Endknoten in der Ebene verwendet. Der hier dargestellte Graph hat die beachtliche Anzahl von 12 367 159 999 937 622 562 verschiedenen Hamiltonkreisen. Ein **Hamiltonweg** in einem Graphen ist ein Weg, der alle Knoten des Graphen durchläuft.

8.2.1   Der Satz von Dirac

Nicht jeder Graph besitzt einen Hamiltonkreis. Eine notwendige Bedingung für die Existenz eines Hamiltonkreises ist, dass der Graph 2-zusammenhängend ist.

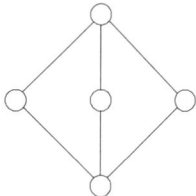

Bild 8.4: Ein Graph ohne Hamiltonkreis

Bild 8.4 zeigt uns jedoch, dass diese Bedingung nicht hinreichend ist, denn der hier dargestellte 2-zusammenhängende Graph besitzt keinen Hamiltonkreis. Ein Graph besitzt jedoch sicher einen Hamiltonkreis, wenn er viele Kanten hat. Genaueres sagt der folgende Satz aus.

Satz 8.2 (Dirac)
Gilt in einem schlichten Graphen $G = (V, E)$ mit $n > 2$ Knoten für jeden Knoten $v \in V$ die Ungleichung $\deg v \geq \frac{n}{2}$, so besitzt G einen Hamiltonkreis.

Beweis: Wir zeigen diesen Satz indirekt. Es sei also G ein Graph, der den Bedingungen des Satzes genügt, jedoch keinen Hamiltonkreis besitzt. Wenn G zwei nichtadjazente Knoten u und v besitzt, sodass auch der Graph, der aus G durch Einfügen der Kante $\{u, v\}$ hervorgeht, keinen Hamiltonkreis besitzt, so fügen wir diese Kante ein. Der Prozess des Kanteneinfügens wird fortgesetzt, bis kein nichtadjazentes Knotenpaar mehr verbunden werden kann, ohne einen Hamiltonkreis zu erzeugen. Diese Konstruktion bricht immer nach endlich vielen Schritten ab, da der vollständige Graph einen Hamiltonkreis besitzt.
In dem resultierenden Graphen H sind je zwei nichtadjazente Knoten durch

einen Hamiltonweg verbunden. H ist kein vollständiger Graph. Wir wählen zwei nichtadjazente Knoten u und v von H. Der diese Knoten verbindende Hamiltonweg sei P. Die mindestens $\frac{n}{2}$ Nachbarn $N(u)$ von u sind Knoten des Weges P außer v. Wenn wir jeweils alle Knoten, die auf P von u aus unmittelbar vor einem Knoten aus $N(u)$ liegen, streichen, so verbleiben höchstens $\frac{n}{2}$ Knoten von P. Folglich muss einer der mindestens $\frac{n}{2}$ Nachbarn $N(v)$ unter diesen Knoten sein. Es gibt also einen Knoten $x \in N(v)$ auf P, für dessen Nachfolger y von u aus $y \in N(u)$ gilt. Das Bild 8.5 zeigt diese Situation. Dann liefert aber das Durchlaufen des Wegstücks zwischen u und x, der Kante $\{x, v\}$, des Wegstücks zwischen v und y sowie der Kante $\{y, x\}$ einen Hamiltonkreis von G. Da dies ein Widerspruch zur oben getroffenen Annahme ist, folgt die Aussage des Satzes. $\square$

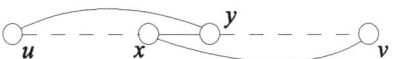

Bild 8.5: Zum Beweis des Satzes von Dirac

Natürlich ist die in diesem Satz gestellte Knotengradbedingung keine notwendige Voraussetzung für die Existenz eines Hamiltonkreises. Für einen gegebenen Graphen $G = (V, E)$ mit n Knoten und m Kanten lässt sich stets feststellen, ob dieser einen Hamiltonkreis besitzt oder nicht. Dazu genügt es, jede Teilmenge F der Kantenmenge mit genau n Kanten zu betrachten und zu überprüfen, ob diese Kantenmenge einen Hamiltonkreis von G bildet. Der Untergraph $H = (V, F)$ von G ist genau dann ein Hamiltonkreis, wenn H zusammenhängend ist und jeder Knoten den Grad 2 besitzt. Beide Kriterien sind leicht überprüfbar. Praktisch ist diese Methode jedoch für größere Graphen nicht ausführbar, da im ungünstigsten Falle $\binom{m}{n}$ Kantenteilmengen zu überprüfen sind. Leider gibt es jedoch auch kein bekanntes notwendiges und hinreichendes Kriterium für die Existenz von Hamiltonkreisen, das wesentlich schneller ausführbar wäre. Tatsächlich gehört die Frage nach der Existenz von Hamiltonkreisen in Graphen zu den algorithmisch schwierigsten Problemen der Mathematik, die auch **NP**-vollständige Probleme genannt werden. Was das genau heißt, erfährt man in Lehrbüchern zur theoretischen Informatik.

8.3   Eulerkreise

Eine **Eulersche Tour** (oder ein **Eulerkreis**) ist eine geschlossene Kantenfolge in einem Graphen G, die jede Kante von G genau einmal durchläuft. Eine Eulersche Tour ist damit im Allgemeinen kein Kreis, denn Knoten können mehrmals besucht werden. Das Bild 8.6 zeigt einen Graphen, der eine Euler-

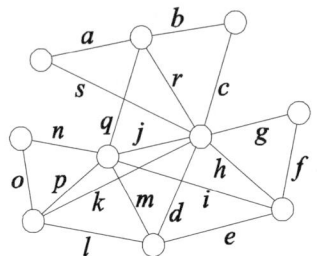

Bild 8.6: Ein Eulerscher Graph

sche Tour besitzt. Um eine Eulersche Tour in diesem Graphen zu entdecken, genügt es, die Kanten des Graphen in alphabetischer Reihenfolge zu durchlaufen. Ein Graph, der eine Eulersche Tour besitzt, heißt ein **Eulerscher Graph**. Ein **Eulerscher Kantenzug** in einem Graphen G ist eine Kantenfolge, die jede Kante des Graphen genau einmal durchläuft, wobei hier nicht gefordert wird, dass Anfangsknoten und Endknoten der Kantenfolge übereinstimmen.

Wenn wir eine Eulersche Tour in einem Graphen durchlaufen, so müssen wir jeden Knoten über unterschiedliche Kanten betreten und verlassen. Alle Kanten können folglich nur dann genau einmal durchlaufen werden, wenn alle Knoten einen geraden Grad aufweisen. Nehmen wir nun an, dass $G = (V, E)$ ein zusammenhängender Graph ist, in dem alle Knoten einen geraden Grad aufweisen. Da G zusammenhängend ist, muss der Grad eines Knotens von G dann mindestens 2 betragen. Aus dieser Voraussetzung folgt, dass G einen Kreis besitzt. Wir finden diesen Kreis auf folgende Weise. Wir starten in einem beliebigen Knoten $v \in V$ und gehen von hier aus über eine Kante e zu einem Nachbar w von v. Da von w noch mindestens eine weitere Kante f ausgeht, lässt sich die Wanderung zu einem weiteren Knoten fortsetzen. Diese Kantenfolge wird solange fortgesetzt, bis erstmals ein Knoten auftritt, der schon vorher besucht wurde. Das muss nach höchstens n Schritten geschehen. Damit haben wir einen Kreis C in G entdeckt. Das Entfernen aller Kanten von C aus G liefert wieder einen Graphen $G-C$ dessen Knoten alle einen geraden Grad (der jetzt jedoch auch 0 sein kann) besitzt. In jeder Komponente von

$G - C$ lässt sich auf gleiche Weise wieder ein Kreis finden. Die Fortsetzung dieses Verfahrens zeigt uns, dass wir G in eine Menge von kantendisjunkten Kreisen zerlegen können. Das Bild 8.7 zeigt diese Zerlegung für den Graphen aus Bild 8.6.

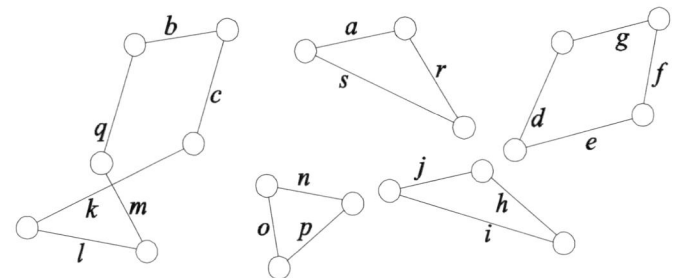

Bild 8.7: Zerlegung in disjunkte Kreise

Wenn sich ein zusammenhängender Graph G in genau zwei kantendisjunkte Kreise C_1, C_2 zerlegen lässt, so erhalten wir schnell eine Eulertour in G. Wir durchlaufen zunächst C_1 solange, bis wir erstmals auf einen Knoten v stoßen, den C_1 und C_2 gemeinsam haben. Einen solchen Knoten muss es geben, da G zusammenhängend ist. Von v aus durchlaufen wir nun C_2 vollständig, um anschließend C_1 weiter zu durchlaufen. Dieses Verfahren lässt sich jedoch rekursiv fortsetzen, wenn G eine Zerlegung mit mehr als zwei Kreisen besitzt. Damit erhalten wir den folgenden Satz, der schon Leonhard Euler bekannt war.

Satz 8.3
Ein zusammenhängender Graph G ist genau dann ein Eulerscher Graph, wenn der Grad jedes Knotens von G eine gerade Zahl ist.

Durch Einfügen von zusätzlichen Kanten zwischen Knoten ungeraden Grades lässt sich aus jedem Graphen ein Eulerscher Graph konstruieren. Dieser Gedanke spielt bei der Lösung des in der Einleitung vorgestellten Briefträgerproblems eine große Rolle. Algorithmen für die Lösung dieses Problems findet man zum Beispiel in dem Buch von Gondran und Minoux [12]. Dort wird auch gezeigt, welche Bedeutung Eulertouren für die Lösung des Rundreiseproblems besitzen.

Wenn $G = (V, E)$ zusammenhängend ist und genau zwei Knoten $u, v \in V$ einen ungeraden Grad aufweisen, so besitzt G einen Eulerschen Kantenzug, der in u beginnt und in v endet. Diese Eigenschaft sagt uns anschaulich, dass

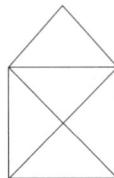

Bild 8.8: Das Haus vom Nikolaus

wir einen Graph in einem Zuge zeichnen können, ohne den Stift abzusetzen. Das „Haus vom Nikolaus" aus Bild 8.8 ist sicher jedem Leser ein bekanntes Beispiel für eine solche Figur.

Aufgaben

8.1 Bestimmen Sie die maximale Kantenzahl eines schlichten Graphen mit n Knoten, der keinen Kreis gerader Länge besitzt.

8.2 Wie viele Hamiltonkreise besitzt der vollständige Graph K_n?

8.3 Besitzt der dargestellte Graph einen Hamiltonkreis?

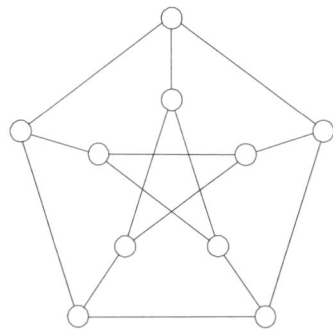

8.4 Wie viele Kreise der Länge 4 enthält der vollständige bipartite Graph $K_{3,3}$?

8.5 Bestimmen Sie eine Eulersche Tour in dem dargestellten Graphen.

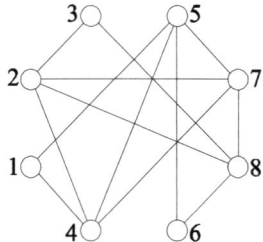

8.6 Wie viele verschiedene Kreise besitzt dieser Graph?

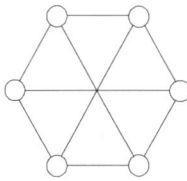

Wie viele davon sind Hamiltonkreise?

9   Gerichtete Graphen

Bisher sind wir stets davon ausgegangen, dass wir eine Kante $e = \{u, v\}$ eines Graphen, die wir von u nach v durchlaufen können, auch in der umgekehrten Richtung durchlaufen können. Es gibt jedoch viele Anwendungen der Graphentheorie, in denen dieser Schluss unzulässig ist. Um diesen Mangel zu beheben, führen wir nun gerichtete Kanten ein, die nur in einer Richtung durchlaufen werden können. Graphen, die nur gerichtete Kanten enthalten, nennen wir auch gerichtete Graphen. Als Beispiel können wir das Straßennetz einer Stadt betrachten, das auch Einbahnstraßen enthalten kann. Die Beachtung der Durchlaufrichtung einer Kante ist insbesondere auch für die Analyse von **Flüssen** auf Graphen wichtig. In praktischen Anwendungen spielen Flüsse bei der Analyse von Gas- und Wasserleitungsnetzen, in elektrischen Schaltungen und Transportsystemen eine Rolle. Ein Fluss ordnet einer Kante eine reelle Zahl (eine Durchflussmenge) zu. Eine weitere Anwendung gerichteter Graphen ist die Beschreibung von Systemen, in denen Zustandsübergänge auftreten. Das sind zum Beispiel **endliche Automaten** und **Markovketten** (Systeme mit zufälligen Zustandsübergängen).

9.1   Definitionen und Eigenschaften gerichteter Graphen

Ein **gerichteter Graph** $G = (V, E)$ besteht aus einer **Knotenmenge** V und einer **Bogenmenge** E, sodass jedem **Bogen** (jeder **gerichteten Kante**) $e = (u, v)$ eindeutig ein *geordnetes* Paar (u, v) von Knoten aus V zugeordnet ist. Der Knoten u heißt der **Anfangsknoten**, v der **Endknoten** des Bogens $e = (u, v)$. Im Gegensatz zur Kante eines ungerichteten Graphen schreiben wir jetzt (u, v) statt $\{u, v\}$, um die Ordnung des Knotenpaares hervorzuheben. Bild 9.1 zeigt einen gerichteten Graphen.

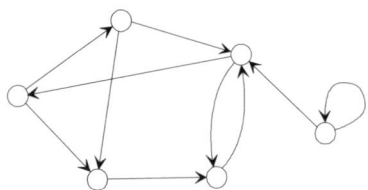

Bild 9.1: Ein gerichteter Graph

In der graphischen Darstellung eines gerichteten Graphen kennzeichnen wir die *Orientierung* (die Richtung) eines Bogens durch einen Pfeil. Eine **Schlinge** ist ein Bogen der Form $e = (v, v)$, für den Anfangsknoten und Endknoten übereinstimmt. Zwei Bögen $e = (u, v)$ und $f = (u, v)$ mit übereinstimmenden Anfangsknoten und Endknoten heißen **parallel**. Zwei Bögen $e = (u, v)$ und $f = (v, u)$ heißen **antiparallel**, wenn jeweils der Anfangsknoten des einen Bogens der Endknoten des anderen ist. Ein gerichteter Graph heißt **schlicht**, wenn er weder Schlingen noch parallele Bögen besitzt. Für einen schlichten gerichteten Graphen $G = (V, E)$ gilt stets $E \subseteq V \times V$.

Viele weitere Definitionen, wie zum Beispiel die des Untergraphen oder des Entfernens von Knoten und Bögen, übertragen sich direkt von ungerichteten Graphen auf gerichtete Graphen.

9.1.1 Wege und Erreichbarkeit

Eine **Bogenfolge** in einem gerichteten Graphen ist eine alternierende Folge

$$v_1, (v_1, v_2), v_2, (v_2, v_3), v_3, \ldots, v_{k-1}, (v_{k-1}, v_k), v_k$$

aus Knoten und Bögen des Graphen. Wenn hierbei kein Knoten doppelt auftritt, so ist diese Bogenfolge ein **Weg** des Graphen. Wenn nur Anfangs- und Endknoten dieser Folge übereinstimmen, so sprechen wir von einem **Kreis**. Die **Länge** einer Bogenfolge (eines Weges oder Kreises) ist die Anzahl der Bögen dieser Folge. Ein gerichteter Graph, der keinen Kreis enthält, heißt **azyklisch**.

Ein Knoten $v \in V$ eines gerichteten Graphen $G = (V, E)$ heißt genau dann **erreichbar** vom Knoten $u \in V$, wenn in G ein Weg von u nach v existiert. Wir schreiben in diesem Falle $u \rightsquigarrow v$. Die Erreichbarkeit ist eine **transitive Relation**, das heißt für beliebige drei Knoten u, v, w folgt aus $u \rightsquigarrow v$ und $v \rightsquigarrow w$ auch $u \rightsquigarrow w$. Da wir auch Bogenfolgen, die nur aus einem einzigen Knoten bestehen, als Wege zählen, gilt für jeden Knoten $v \in V$ die Relation $v \rightsquigarrow v$.

9.1.2 Zusammenhang und starker Zusammenhang

Es sei $G = (V, E)$ ein gerichteter Graph. Wenn wir die Orientierung aller Bögen von G „vergessen", so entsteht aus G ein ungerichteter Graph, dessen Kantenanzahl mit der Bogenanzahl von G übereinstimmt. Wir nennen diesen ungerichteten Graphen den **unterliegenden** ungerichteten Graphen von G. Der gerichtete Graph G heißt genau dann **zusammenhängend**, wenn sein unterliegender ungerichteter Graph zusammenhängend ist. Im Gegensatz zu einem ungerichteten zusammenhängenden Graphen folgt jedoch für einen zusammenhängenden gerichteten Graphen nicht, dass zwischen je zwei seiner Knoten ein Weg existiert. Ein gerichteter Graph heißt **stark zusammenhängend**, wenn je zwei seiner Knoten gegenseitig erreichbar sind. Ein maximaler stark zusammenhängender Untergraph von G ist eine **starke Komponente** von G. Bild 9.2 zeigt einen zusammenhängenden gerichteten Graphen mit vier starken Komponenten.

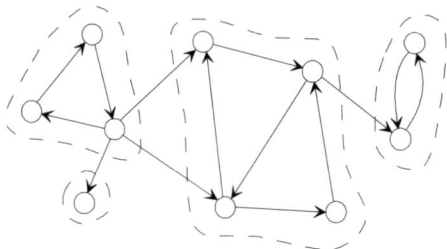

Bild 9.2: Starke Komponenten

9.1.3 Orientierungen

Eine **Orientierung** eines ungerichteten Graphen G ist ein gerichteter Graph, der aus G hervorgeht, wenn jede Kante von G durch einen Bogen (in einer der beiden möglichen Richtungen) ersetzt wird. Ein ungerichteter Graph mit m Kanten besitzt folglich 2^m verschiedene Orientierungen. Wir nennen einen ungerichteten Graphen G **orientierbar**, wenn G eine stark zusammenhängende Orientierung besitzt.

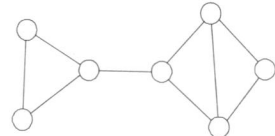

Bild 9.3: Ein nichtorientierbarer Graph

Bild 9.3 zeigt einen Graphen der nicht orientierbar ist, denn jede Orientierung der Brücke in diesem Graphen kann nur die Erreichbarkeit in eine mögliche Richtung gewährleisten. Wenn ein ungerichteter Graph $G = (V, E)$ zweifach kantenzusammenhängend ist, so gibt es zwischen beliebigen zwei Knoten $u, v \in V$ dieses Graphen zwei kantendisjunkte Wege. Wir können diese beiden Wege folglich so ausrichten, dass einer von u nach v und der andere von v nach u führt. Damit liegen alle Knoten, die auf diesen Wegen liegen, in einer starken Komponente der Orientierung. Jeder weitere Knoten w von G, der nicht auf diesen Wegen liegt, ist ebenfalls durch zwei kantendisjunkte Wege mit u verbunden. Wir können wieder alle Kanten dieser Wege, die noch keine Orientierung besitzen, so ausrichten, dass ein Weg von w nach u und der andere in entgegengesetzte Richtung führt. Auf diese Weise erhalten wir schließlich einen stark zusammenhängenden gerichteten Graphen. Diese Überlegungen lassen sich in dem folgenden Satz zusammenfassen.

Satz 9.1
Ein ungerichteter Graph ist genau dann orientierbar, wenn er zweifach kantenzusammenhängend ist.

9.1.4 Innen- und Außengrad

Für einen Knoten $v \in V$ eines gerichteten Graphen $G = (V, E)$ definieren wir die Mengen

$$N^+(v) = \{u \in V : (v, u) \in E\},$$
$$N^-(v) = \{u \in V : (u, v) \in E\},$$
$$E^+(v) = \{e = (v, u) \in E\},$$
$$E^-(v) = \{e = (u, v) \in E\}.$$

Der **Außengrad** $d^+(v)$ eines Knotens $v \in V$ ist die Anzahl der Bögen von G, deren Anfangsknoten v ist. Der **Innengrad** $d^-(v)$ von v ist die Anzahl der in v endenden Bögen. Damit folgt

$$d^+(v) = |E^+(v)| \quad \text{und} \quad d^-(v) = |E^-(v)|.$$

Der **Grad** $\deg v$ eines Knotens $v \in V$ ist die Summe aus Außengrad und Innengrad für diesen Knoten, das heißt

$$\deg v = d^+(v) + d^-(v).$$

Da jeder Bogen genau einen Anfangsknoten und genau einen Endknoten besitzt, folgt

$$\sum_{v \in V} d^+(v) = \sum_{v \in V} d^-(v) = |E|.$$

9.1.5   Quellen und Senken

Eine **Quelle** von G ist ein Knoten mit dem Innengrad null. Eine **Senke** ist ein Knoten mit dem Außengrad null.

Satz 9.2
Ein azyklischer Graph besitzt stets eine Quelle.

Beweis: Es sei v ein Knoten des azyklischen Graphen. Gilt $d^-(v) = 0$, so ist v die gesuchte Quelle. Andernfalls gibt es einen Bogen $e = (u, v)$. Wenn auch u keine Quelle ist, so existiert ein weiterer Bogen $f = (w, u)$. Durch Fortsetzung dieser Konstruktion erhalten wir auf diese Weise eine Bogenfolge, die in v endet. Da G azyklisch ist, kann kein Knoten mehrfach in dieser Folge auftreten. Damit gelangen wir nach endlich vielen Schritten zu einem Knoten mit dem Innengrad null. $\square$

Auf gleiche Weise kann man auch beweisen, dass jeder azyklische Graph eine Senke besitzt.

Folgerung 9.1 *Die Knoten eines azyklischen Graphen mit n Knoten können stets so mit den natürlichen Zahlen $\{1, ..., n\}$ nummeriert werden, dass aus $(u, v) \in E$ die Relation $u < v$ folgt.*

Beweis: Nach Satz 9.2 gibt es in einem azyklischen Graphen eine Quelle v. Wir geben der Quelle v die Nummer 1. Da alle weiteren Knoten mit höheren Zahlen nummeriert werden, gilt $v < w$ für jeden Bogen $(v, w) \in E$. Der Graph $G - v$ ist wieder ein azyklischer Graph, da durch das Entfernen eines Knotens kein Kreis entstehen kann. Folglich besitzt auch $G - v$ wieder eine Quelle. Diese erhält die Nummer 2. Dieses Verfahren lässt sich fortsetzen bis nur ein Knoten übrig bleibt, der dann die höchste Nummer n erhält. $\square$

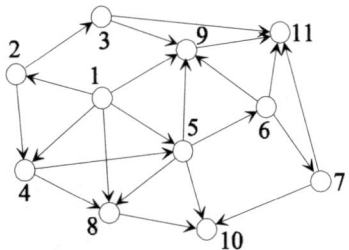

Bild 9.4: Ein azyklischer Graph

Bild 9.4 zeigt einen azyklischen Graphen mit einer Knotennummerierung, die den Forderungen der Folgerung 9.1 genügt.

9.2   Zyklen und Kozyklen

9.2.1   Zyklen

Ein **Zyklus** in einem gerichteten Graphen $G = (V, E)$ ist eine Folge von Bögen, die im unterliegenden ungerichteten Graphen $\hat{G}$ einen geschlossenen Kantenzug bilden. Bildet diese Bogenfolge in $\hat{G}$ einen Kreis, so sprechen wir von einem **Elementarzyklus**. Folglich ist ein Kreis in G ein Elementarzyklus, in dem alle Knoten den Innengrad 1 besitzen. Einen Zyklus kann man stets als disjunkte Vereinigung von Elementarzyklen auffassen. Das Bild 9.5 zeigt einen Zyklus als Vereinigung von drei Elementarzyklen.

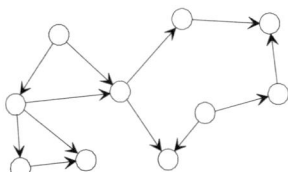

Bild 9.5: Ein Zyklus

9.2.2   Vektorräume

Es sei nun $G = (V, E)$ ein gerichteter Graph mit m Kanten, die wir mit e_1, ..., e_m bezeichnen. Wir ordnen jedem Zyklus von G eine beliebige Durchlaufrichtung zu. Jedem Zyklus C von G können wir auf folgende Weise einen Vektor $\mathbf{x}(C) = (x_1, ..., x_m)$ des m-dimensionalen reellen Vektorraumes $\mathbb{R}^m$ zuordnen. Es sei $x_i = 1$, falls e_i eine Orientierung besitzt, die mit der Durchlaufrichtung von C übereinstimmt. Ist e_i entgegen der Durchlaufrichtung in C enthalten, so setzen wir $x_i = -1$. Schließlich sei $x_i = 0$, falls die Kante e_i nicht in C vorkommt. Das Bild 9.6 zeigt einen gerichteten Graphen mit sechs Zyklen.

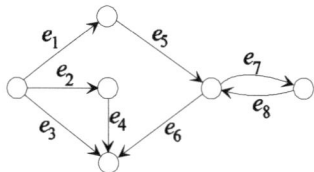

Bild 9.6: Ein gerichteter Graph mit 6 Zyklen

Im Folgenden werden die Zyklen eines Graphen mit den zugeordneten Vektoren des $\mathbb{R}^m$ identifiziert. Wir vereinbaren für diesen Graphen die Durchlaufrichtung der Zyklen im Uhrzeigersinn zu wählen. Die Zyklen des Beispielgraphen werden durch die folgenden Vektoren repräsentiert:

$$\mathbf{x}_1 = (1, -1, 0, -1, 1, 1, 0, 0)$$
$$\mathbf{x}_2 = (0, 1, -1, 1, 0, 0, 0, 0)$$
$$\mathbf{x}_3 = (0, 0, 0, 0, 0, 0, 1, 1)$$
$$\mathbf{x}_4 = (1, 0, -1, 0, 1, 1, 0, 0)$$
$$\mathbf{x}_5 = (1, -1, 0, -1, 1, 1, 1, 1)$$
$$\mathbf{x}_6 = (1, 0, -1, 0, 1, 1, 1, 1)$$

Das Bild 9.7 zeigt die 6 Zyklen des Graphen. Nur die ersten vier Zyklen sind Elementarzyklen.

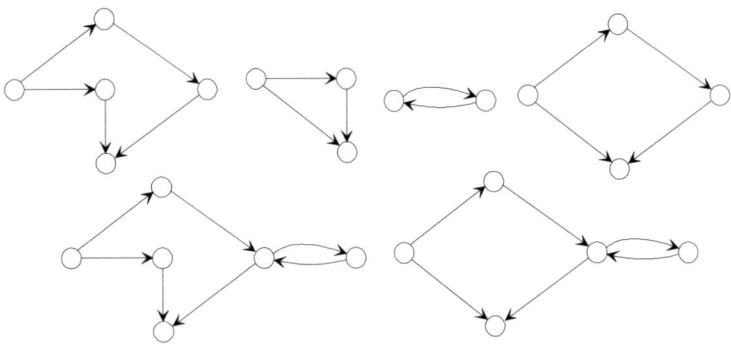

Bild 9.7: Zyklen des Graphen

Wir beobachten, dass sich jeder Zyklus als Summe von Elementarzyklen darstellen lässt. So gilt zum Beispiel

$$\mathbf{x}_5 = \mathbf{x}_1 + \mathbf{x}_3 \text{ und}$$
$$\mathbf{x}_6 = \mathbf{x}_4 + \mathbf{x}_3 = \mathbf{x}_1 + \mathbf{x}_2 + \mathbf{x}_3.$$

9.2.3 Kozyklen

Als Äquivalent zum Schnitt in ungerichteten Graphen definiert man Kozyklen in gerichteten Graphen. Für eine Knotenteilmenge $X \subseteq V$ eines gerichteten Graphen $G = (V, E)$ sei $\Omega^+(X)$ die Menge aller Bögen des Graphen, die ihren

Anfangsknoten in X und ihren Endknoten in $V \setminus X$ haben. Analog sei $\Omega^-(X)$ die Menge aller Bögen, die von $V \setminus X$ nach X verlaufen. Ein **Kozyklus** ist eine nichtleere Bogenmenge der Form $\Omega(X) = \Omega^+(X) + \Omega^-(X)$. Wir ordnen auch jedem Kozyklus einen Vektor $\mathbf{x} \in \mathbb{R}^m$ zu:

$$x_i = \begin{cases} 1, \text{ falls } e_i \in \Omega^+(X), \\ -1, \text{ falls } e_i \in \Omega^-(X), \\ 0, \text{ falls } e_i \notin \Omega(X). \end{cases}$$

Ein Kozyklus heißt **elementar**, wenn durch das Entfernen aller Bögen dieses Kozyklus die Anzahl der Komponenten des Graphen um genau eins steigt. Wenn der Graph zusammenhängend ist, verbindet ein elementarer Kozyklus zwei zusammenhängende Untergraphen. Jeder Kozyklus lässt sich als eine Summe elementarer Kozyklen darstellen.

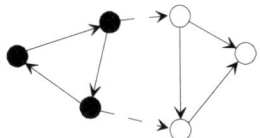

Bild 9.8: Ein elementarer Kozyklus

Im Bild 9.8 sind die Bögen eines elementaren Kozyklus $\Omega(X)$, der von der schwarz dargestellten Knotenmenge X erzeugt wird, gestrichelt eingezeichnet.

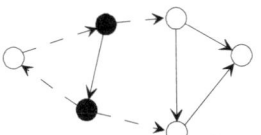

Bild 9.9: Ein Kozyklus

Bild 9.9 zeigt einen weiteren Kozyklus in diesem Graphen, der jedoch nicht elementar ist.

9.2.4 Zyklen- und Kozyklenräume

Zyklen oder Kozyklen $\mathbf{x}_1$, ..., $\mathbf{x}_k$ heißen **linear abhängig**, wenn die Gleichung

$$\alpha_1 \mathbf{x}_1 + \; ... \; + \alpha_k \mathbf{x}_k = \mathbf{0}$$

eine nichttriviale Lösung (eine Lösung, in der nicht alle α_i gleich null sind) besitzt. Diese Definition entspricht exakt der Definition der linearen Abhängigkeit von Vektoren. Eine **Zyklenbasis** eines gerichteten Graphen G ist eine Menge $\mathcal{B}$ von linear unabhängigen Elementarzyklen, so dass sich jeder weitere Zyklus von G als Summe von Elementarzyklen aus $\mathcal{B}$ darstellen lässt. Analog ist eine **Kozyklenbasis** definiert. Die Anzahl der Basiselemente einer Zyklenbasis, das heißt die Dimension des **Zyklenraumes** von G, heißt auch die **zyklomatische Zahl** $\mu(G)$. Die Dimension des **Kozyklenraumes** eines Graphen mit n Knoten und c Komponenten ist durch $n - c$ bestimmt.

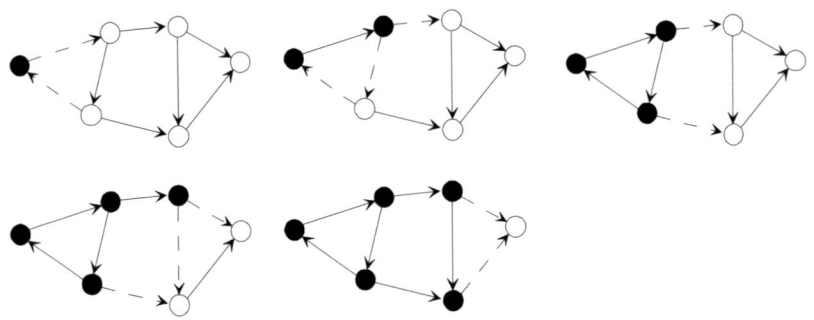

Bild 9.10: Kozyklenbasis

Bild 9.10 zeigt die Konstruktion einer Kozyklenbasis für einen zusammenhängenden Graphen, wobei 5 unabhängige Kozyklen entstehen. Die Unabhängigkeit der dargestellten elementaren Kozyklen ergibt sich aus der Tatsache, dass jeder dieser Kozyklen einen Bogen enthält, der in keinem anderen Kozyklus vorkommt. Man kann sich leicht überlegen, dass eine solche Konstruktion von $n - 1$ unabhängigen elementaren Kozyklen für jeden zusammenhängenden gerichteten Graphen mit n Knoten möglich ist.

Es sei $G = (V, E)$ ein zusammenhängender gerichteter Graph mit n Knoten und m Kanten und T ein Gerüst von G. Durch Ergänzen von T mit jeweils genau einem Bogen von G, der nicht in T liegt, entsteht genau ein Elementarzyklus. Die so entstehenden Elementarzyklen sind unabhängig, da jeder einen Bogen enthält, der in keinem anderen Elementarzyklus vorkommt. Wir erhalten folglich $m - n + 1$ unabhängige Elementarzyklen, da ein Gerüst genau $n - 1$ Kanten besitzt. Für einen nicht zusammenhängenden Graphen mit c Komponenten erhalten wir durch Anwendung dieser Konstruktion auf jede Komponente $m - n + c$ unabhängige Elementarzyklen.

Für zwei Vektoren $\mathbf{x}$, $\mathbf{y} \in \mathbb{R}^m$ sei das Skalarprodukt wie üblich durch

$$\langle \mathbf{x}, \mathbf{y} \rangle = \sum_{i=1}^{n} x_i y_i \qquad (9.1)$$

erklärt. Wir betrachten nun das Skalarprodukt von Zyklen und Kozyklen.

Satz 9.3
Wenn $\mathbf{x}$ einen Zyklus und $\mathbf{y}$ einen Kozyklus von G beschreibt, so gilt $\langle \mathbf{x}, \mathbf{y} \rangle = 0$. Anders: Zyklen und Kozyklen werden durch zueinander orthogonale Vektoren beschrieben.

Beweis: Es sei $G = (V, E)$ ein gerichteter Graph und $X \subseteq V$. Der Vektor $\mathbf{y} \in \mathbb{R}^m$ sei durch den Kozyklus $\Omega(X)$ definiert. Ein weiterer Vektor $\mathbf{x} \in \mathbb{R}^m$ sei einem Zyklus C von G zugeordnet.

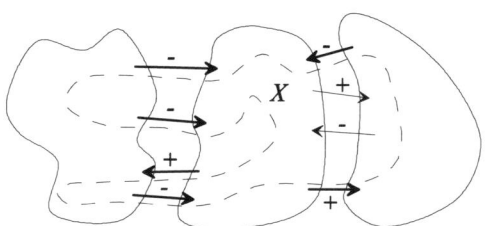

Bild 9.11: Zyklen und Kozyklen

Das Bild 9.11 zeigt einen Graphen mit einer Knotenteilmenge X und den Bögen des Kozyklus $\Omega(X)$. Hierbei sind die Bögen aus $\Omega^+(X)$ mit dem Symbol + gekennzeichnet und Bögen aus $\Omega^-(X)$ mit einem Minuszeichen. Diesen Bögen entspricht der Eintrag $+1$ beziehungsweise -1 im Vektor $\mathbf{y}$. Das Bild zeigt außerdem, gestrichelt dargestellt, einen Zyklus C von G. Dieser Zyklus enthält auch Bögen, die im Kozyklus $\Omega(X)$ enthalten sind. Diese gemeinsamen Bögen treten jedoch stets in gerader Anzahl auf, da beim Durchlaufen des Zyklus die Menge X ebenso oft betreten wie verlassen wird. Wir wählen nun eine beliebige Durchlaufrichtung für den Zyklus C. Die Komponente x_e des C zugeordneten Vektors $\mathbf{x}$ ist gleich $+1$, wenn der Bogen e gemäß seiner Orientierung durchlaufen wird, sonst -1. Wir stellen fest, dass das resultierende Vorzeichen genau alternierend für jeden zweiten Bogen mit dem Vorzeichen der Bögen des Kozyklus übereinstimmt. Man überzeugt sich leicht, dass dies für jedes Paar aus Zyklus und Kozyklus der Fall ist. Folglich treten unter allen von null verschiedenen Summanden in (9.1) gleich häufig 1 und -1 auf, sodass $\langle \mathbf{x}, \mathbf{y} \rangle = 0$ folgt. $\square$

Jeder Zyklus ist folglich orthogonal zu jedem Kozyklus. Aus der linearen Algebra wissen wir, dass orthogonale Vektoren stets linear unabhängig sind. Es gibt $m - n + c$ unabhängige Elementarzyklen und $n - c$ unabhängige elementare Kozyklen in einem gerichteten Graphen mit m Bögen. Damit erhalten wir insgesamt m linear unabhängige Vektoren und folglich eine Basis des $\mathbb{R}^m$. Wir fassen diese Erkenntnisse in dem folgendem Satz zusammen.

Satz 9.4
Ein gerichteter Graph G mit m Bögen besitzt die zyklomatische Zahl $\mu(G) = m - n + c$. Die Dimension seines Kozyklenraumes beträgt $n - c$.

Diese Aussage besitzt für die Berechnung elektrischer Netzwerke eine große Bedeutung. Elementare Zyklen werden hier auch **Maschen** des elektrischen Netzwerkes genannt. Die zyklomatische Zahl liefert dann die Anzahl der unabhängigen Maschengleichungen, die erforderlich sind, um Ströme und Spannungen in dem Netz zu berechnen (siehe dazu auch Berge [5]).

Ein **Kokreis** ist ein Kozyklus $\Omega(X) = \Omega^+(X) + \Omega^-(X)$, in dem eine der beiden Mengen $\Omega^+(X)$ oder $\Omega^-(X)$ leer ist. Folglich verlaufen alle Bögen eines Kokreises $\Omega(X)$ in dieselbe Richtung von X aus betrachtet.

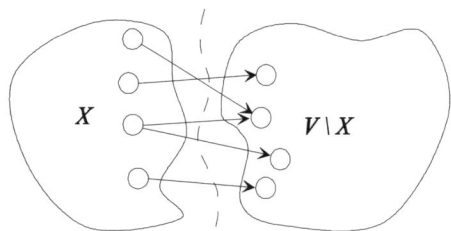

Bild 9.12: Ein Kokreis

Bild 9.12 symbolisiert einen Kokreis. Ein stark zusammenhängender Graph kann sicher keinen Kokreis besitzen. In einem stark zusammenhängenden Graphen $G = (V, E)$ verläuft durch jeden Bogen $(u, v) \in E$ ein Kreis, da stets ein Weg von v nach u existiert. Insbesondere kann auch kein Bogen eines gerichteten Graphen gleichzeitig einem Kreis und einem Kokreis angehören. Es sei G nun ein zusammenhängender gerichteter Graph, der nicht stark zusammenhängend ist.

Dann können wir G in mehrere starke Komponenten zerlegen, die durch Kozyklen getrennt sind. Bild 9.13 veranschaulicht diesen Sachverhalt. Dann müssen aber alle Bögen eines solchen trennenden Kozyklus dieselbe Richtung

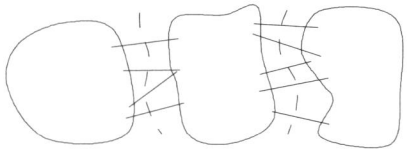

Bild 9.13: Drei starken Komponenten, getrennt durch Kozyklen

(von einer der starken Komponenten aus gesehen) haben. Somit besitzt G einen Kokreis. Fassen wir diese Überlegungen in einem Satz zusammen.

Satz 9.5

Ein zusammenhängender Graph mit mindestens zwei Knoten ist genau dann stark zusammenhängend, wenn er keinen Kokreis besitzt. Er besitzt genau dann keinen Kokreis, wenn durch jeden seiner Bögen ein Kreis verläuft.

9.3 Turniere

Ein **Turnier** ist eine Orientierung des vollständigen Graphen K_n. Der Begriff „Turnier" kann tatsächlich auf ein Turnier zwischen n Mannschaften im Sport zurückgeführt werden. Wenn jede Mannschaft gegen jede andere genau einmal spielt und jedes Spiel mit Gewinn oder Niederlage endet (es gibt kein unentschiedenes Spiel), so kann das Ergebnis dieser Sportveranstaltung durch eine Orientierung des vollständigen Graphen dargestellt werden. Dazu genügt es, einen Bogen von i nach j zu orientieren, wenn die Mannschaft i gegen die Mannschaft j gewonnen hat. Bild 9.14 zeigt ein Turnier mit fünf

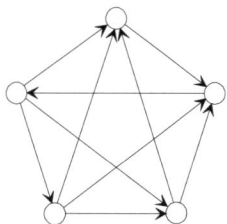

Bild 9.14: Ein Turnier

Knoten. In Analogie zum Isomorphiebegriff für ungerichtete Graphen nennen wir zwei Turniere (und auch allgemein zwei gerichtete Graphen) **isomorph**, wenn sie durch eine Permutation ihrer Knotenmenge ineinander überführbar sind. Das Bild 9.15 zeigt alle nichtisomorphen Turniere mit vier Knoten.

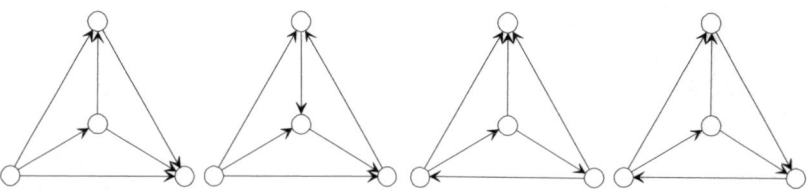

Bild 9.15: Nichtisomorphe Turniere

Satz 9.6
In jedem Turnier gibt es einen Hamiltonweg.

Beweis: Wir führen diesen Beweis durch vollständige Induktion nach der Anzahl der Knoten. Für Turniere mit einem oder zwei Knoten ist die Aussage des Satzes offensichtlich wahr. Angenommen, sie gilt auch für alle Turniere mit n Knoten. Es nun G ein Turnier mit $n+1$ Knoten und v ein Knoten aus G. Dann ist $G-v$ ein Turnier mit n Knoten, sodass die Induktionsannahme zutrifft. Durch v_1, v_2, ..., v_n sei ein Hamiltonweg in $G-v$ gegeben. Tatsächlich ist ein Hamiltonweg in einem Turnier eindeutig durch die Reihenfolge der Knoten beim Durchlaufen des Weges bestimmt. Wenn in G der Bogen (v, v_1) vorkommt, so ist v, v_1, v_2, ..., v_n ein Hamiltonweg von G. Andernfalls wählen wir das kleinste k, für das der Bogen (v, v_k) in G existiert. Dann ist v_1, , v_2, ..., v_{k-1}, v, v_k, ..., v_n ein Hamiltonweg von G. Gibt es keinen Bogen von v zu einem der Knoten $v_1, ..., v_n$, so ist v_1, v_2, ..., v_n, v ein Hamiltonweg von G. Folglich existiert in jedem Falle ein Hamiltonweg in G. $\square$

Für beliebige gerichtete Graphen gibt es kein vergleichbar einfaches Kriterium für die Existenz eines Hamiltonweges. Der Beweis des Satzes kann auch unmittelbar in einen Algorithmus umgesetzt werden, der einen Hamiltonweg in einem Turnier findet. Wenn das Turnier azyklisch ist, so ist der Hamiltonweg sogar eindeutig bestimmt. Diese Aussage folgt sofort aus Satz 9.2. Die Quelle des azyklischen Graphen muss nämlich der erste Knoten des Hamiltonweges sein. Entfernen wir die Quelle aus dem Graphen, so ist der verbleibende Graph wieder azyklisch, sodass auch der zweite Knoten des Weges bestimmt ist. Diese Konstruktion lässt sich bis zum Ende des Hamiltonweges fortsetzen. Wenn in einem Turnier ein eindeutig bestimmter Hamiltonweg vorliegt, so liefert dieser Weg auch die Reihenfolge der Mannschaften.

Auch über Kreise und speziell über Hamiltonkreise in Turnieren gibt es ein sehr schönes Resultat.

Satz 9.7

Ein stark zusammenhängendes Turnier mit n Knoten enthält Kreise der Längen 3, ..., n. Damit enthält es insbesondere einen Hamiltonkreis.

Beweis: Da G stark zusammenhängend ist, enthält G einen Kreis C der Länge k. Wenn $k > 3$ gilt, so gibt es in C zwei Knoten u und v, die nicht durch einen Bogen verbunden sind. Da in dem Turnier G jedoch sicher ein Bogen der Form (u, v) oder (v, u) existiert, entsteht durch Einfügen dieses Bogens in C ein kürzerer Kreis. Das Bild 9.16 zeigt diese Situation. Das Verfahren lässt sich fortsetzen bis ein Kreis der Länge 3 gefunden ist.

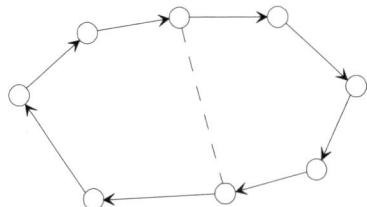

Bild 9.16: Ein Kreis in einem Turnier

Um zu zeigen, dass G auch Kreise größerer Länge als 3 besitzt, führen wir einen Induktionsbeweis. Es genügt zu zeigen, dass ein Kreis mit einer Länge $k < n$ zu einem Kreis der Länge $k + 1$ vergrößert werden kann. Es sein nun C ein Kreis der Länge k. Wir stellen diesen Kreis durch die Folge v_1, v_2, ..., v_k, v_1 dar. Wenn in $G - \{v_1, v_2, ..., v_k\}$ ein Knoten v existiert, von dem ein Bogen zu einem Knoten des Kreises C und wenn ein weiterer Bogen von einem Kreisknoten nach v verläuft, so lässt sich der Kreis sofort verlängern. Das Bild 9.17 zeigt die Verlängerung des Kreises.

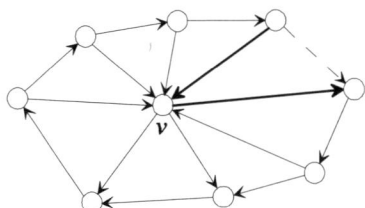

Bild 9.17: Vergrößerung des Kreises

Die fett dargestellten Bögen ersetzen den gestrichelten Bogen. Wenn es keinen Knoten v mit dieser Eigenschaft gibt, so muss G (da er stark zusammenhängend ist) zwei Knoten u und w besitzen, sodass von jedem Knoten des Kreises ein Bogen nach u führt, von w ein Bogen zu jedem Knoten des Kreises führt und ein Bogen (u, w) in G existiert.

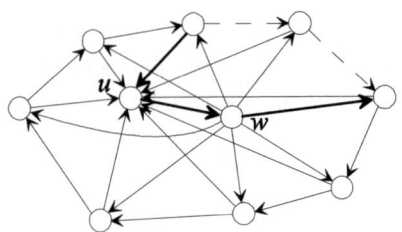

Bild 9.18: Alternative Vergrößerung

Das Bild 9.18 zeigt, wie in diesem Falle die Verlängerung des Kreises erfolgt. Wir haben damit gezeigt, dass jeder stark zusammenhängende gerichtete Graph einen Kreis der Länge 3 besitzt und dass dieser Kreis schrittweise bis zu einem Hamiltonkreis vergrößert werden kann. $\square$

9.4   Flüsse in Graphen

In diesem Abschnitt erweitern wir den Graphenbegriff durch die Einführung von Bogenbewertungen. Ein **Flussnetzwerk** $N = (V, E, s, t, c)$ besteht aus einem gerichteten Graphen $G = (V, E)$ mit zwei speziell ausgezeichneten Knoten $s \in V$ und $t \in V$. Diese Knoten werden auch als **Quelle** und **Senke** des Flusses bezeichnet. Hierbei ist jedoch Vorsicht geboten, da die Begriffe Quelle und Senke nicht mit der bereits früher gegebenen Definition einer Quelle und einer Senke eines gerichteten Graphen übereinstimmen müssen. Es können zum Beispiel auch Bögen in der Quelle eines Flussnetzwerkes enden. Die Abbildung $c : E \to \mathbb{R}^+$ ordnet jedem Bogen eine nichtnegative reelle Zahl zu. Wir bezeichnen diese Zahl auch als die **Kapazität** des Bogens.

Wir können uns ein Flussnetzwerk als ein Kommunikationsnetz (oder als ein Wasserleitungsnetz) vorstellen. Die Kapazität eines Bogens ist dann eine maximale Datenmenge (bzw. Wassermenge), die pro Zeiteinheit durch die entsprechende Leitung transportiert werden kann. Ein **Fluss** auf N ist eine Abbildung $f : E \to \mathbb{R}$, die jedem Bogen eine reelle Zahl zuordnet, sodass für jeden Knoten $v \in V \smallsetminus \{s, t\}$ die **Kontinuitätsgleichung**

$$\sum_{e \in E^+(v)} f(e) = \sum_{e \in E^-(v)} f(e) \qquad (9.2)$$

gilt. Anschaulich besagt diese Gleichung, dass aus jedem Knoten, mit Ausnahme von Quelle und Senke, genauso viel herausfließt wie hineinfließt. Wenn wir das Flussnetzwerk durch einen künstlichen **Rückkehrbogen** $e = (t, s)$ erweitern, so kann die Gültigkeit der Kontinuitätsgleichung (9.2) für alle Knoten gefordert werden. Ein Fluss f heißt **zulässig**, wenn für alle Bögen des Netzwerkes die Beziehung $0 \leq f(e) \leq c(e)$ erfüllt ist. Ein zulässiger Fluss darf insbesondere die Kapazitäten der Bögen nicht überschreiten.

Man überzeugt sich leicht, dass für zwei gegebene Flüsse f und g auf einem Flussnetzwerk N auch die Summe $f + g$ wieder ein Fluss auf N ist. Ebenso gilt für einen gegebenen Fluss f und eine reelle Zahl α, dass auch αf ein Fluss ist. Wir erhalten damit die folgende Aussage.

Satz 9.8
Es sei $N = (V, E, s, t, c)$ ein Flussnetzwerk mit m Bögen und Φ die Menge aller Flüsse auf N. Dann bildet Φ einen Vektorraum, der ein Unterraum des $\mathbb{R}^m$ ist.

Für die Anwendungen ist die Menge des von der Quelle zur Senke gelangenden Gesamtflusses eine wichtige Kenngröße. Wir bezeichnen die Zahl

$$F = \sum_{e \in E^+(s)} f(e) - \sum_{e \in E^-(s)} f(e)$$

als den **Wert des Flusses**. Da infolge der Kontinuitätsgleichung in den „Zwischenknoten" kein Fluss hinzukommen oder verloren gehen kann, muss für den Wert des Flusses auch

$$F = \sum_{e \in E^-(t)} f(e) - \sum_{e \in E^+(t)} f(e)$$

gelten. Ein **Maximalfluss** auf N ist ein zulässiger Fluss mit maximalem Wert.

Es sei $X \subseteq V$ eine Knotenteilmenge, die s, jedoch nicht t enthält. Ein st-**Schnitt** von N ist dann ein Kozyklus $\Omega(X)$. Für einen solchen st-Schnitt $\Omega(X)$ sei

$$c(X) = \sum_{e \in \Omega^+(X)} c(e)$$

die **Kapazität des** st**-Schnittes**. Wenn in N ein zulässiger Fluss f existiert, sodass für einen st-Schnitt $\Omega(X)$ die Relation

$$\sum_{e\in\Omega^+(X)} f(e) = c(X)$$

gilt, so ist dieser Fluss sicher ein Maximalfluss. Viel interessanter ist, dass auch die Umkehrung gilt.

Satz 9.9 (Ford und Fulkerson)
Ein zulässiger Fluss f auf einem Flussnetzwerk N ist genau dann ein Maximalfluss von N, wenn ein st-Schnitt $\Omega(X)$ in N existiert, sodass

$$\sum_{e\in\Omega^+(X)} f(e) = c(X)$$

gilt. Der Wert des Maximalflusses stimmt folglich mit der minimalen Kapazität eines st-Schnittes von N überein.

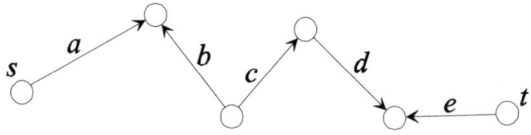

Bild 9.19: Ein st-Weg

Der Beweis dieses Satzes erfordert etwas mehr Aufwand. Der interessierte Leser findet ihn zum Beispiel in dem Buch von Volkmann [26]. Es sei

$$P = (e_1, \ e_2, \ ..., \ e_k)$$

eine Folge von Bögen in einem Flussnetzwerk $N = (V, E, s, t, c)$, sodass der Bogen e_{i+1} für $i = 1, \ ..., \ k-1$ stets einen Knoten mit dem Bogen e_i gemeinsam hat, kein Knoten doppelt in dieser Folge vorkommt, s ein Knoten des Bogens e_1 und t ein Knoten des Bogens e_k ist. Diese Folge bildet damit im unterliegenden ungerichteten Graphen einen st-Weg. Wir werden auch hier die Bezeichnung st-Weg verwenden, weisen aber darauf hin, dass entgegen der Wegdefinition im gerichteten Graphen jetzt auch Bögen in der Folge auftreten, die entgegen ihrer Orientierung auf dem Wege von s nach t durchlaufen werden. Solche Bögen heißen auch **Rückwärtsbögen**. Alle anderen Bögen des st-Wegs heißen **Vorwärtsbögen**. Bild 9.19 zeigt einen st-Weg mit den

Vorwärtsbögen a, c, d und den Rückwärtsbögen b, e. Es sei f ein gegebener zulässiger Fluss auf N. Wir definieren für jeden Bogen e des st-Weges P

$$\Delta(e) = \left\{ \begin{array}{l} c(e) - f(e), \text{ falls } e \text{ Vorwärtsbogen ist,} \\ f(e), \text{ falls } e \text{ Rückwärtsbogen von } P \text{ ist.} \end{array} \right.$$

Wir nennen P einen **Verbesserungsweg**, wenn das Minimum $\Delta(P)$ aller Zahlen $\Delta(e)$ für die Bögen des Weges P größer als null ist. Wir können uns leicht überzeugen, dass der Fluss auch dann noch zulässig bleibt, wenn wir $f(e)$ durch $f(e) + \Delta(P)$ für jede Vorwärtskante eines Verbesserungsweges und $f(e)$ durch $f(e) - \Delta(P)$ für jede Rückwärtskante ersetzen. Der Wert des Flusses steigt bei dieser Operation um $\Delta(P)$. Folglich kann ein Fluss f auf N nicht maximal sein, wenn ein Verbesserungsweg bezüglich f in N existiert. Tatsächlich liefert die Suche nach Verbesserungswegen eine Möglichkeit zur Bestimmung von Maximalflüssen in Netzwerken.

Wenn man alle Kapazitäten eines Flussnetzwerkes auf den Wert eins festlegt, so liefert der Wert eines Maximalflusses die Mächtigkeit eines minimalen Schnittes zwischen s und t. Ersetzt man in einem ungerichteten Graphen alle Kanten durch antiparallele Bogenpaare, setzt alle Kapazitäten auf den Wert eins und berechnet den Maximalfluss zwischen je zwei Knoten des so entstandenen gerichteten Graphen, so kann man durch Minimumbildung über alle Flusswerte die Kantenzusammenhangszahl des Graphen bestimmen.

Viele weitere Eigenschaften, Algorithmen und Anwendungen gerichteter Graphen findet man in dem Buch von Bang-Jensen und Gutin [3].

Aufgaben

9.1 Wie viele Komponenten und wie viele starke Komponenten besitzt der dargestellte Graph?

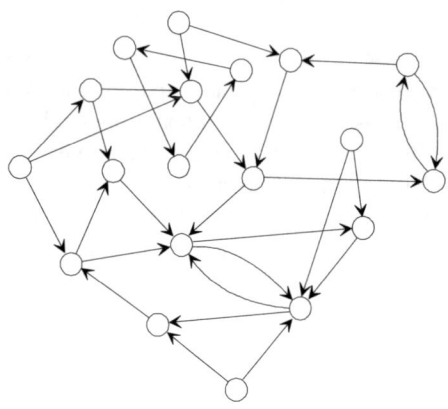

9.2 Bestimmen Sie eine azyklische Orientierung des Würfels Q_3 mit genau einer Quelle.

9.3 Bestimmen Sie eine azyklische Orientierung des Würfels Q_3 mit vier Quellen und vier Senken.

9.4 Wie viele elementare Kozyklen besitzt ein gerichteter zusammenhängender Graph mit n Knoten, der keinen Zyklus enthält.

9.5 Es sei $G = (V, E)$ ein Turnier und $u, v \in V$. Warum gilt dann stets $d(u, v) \neq d(v, u)$?

9.6 Ein Projekt bestehe aus den Teilprojekten P_1, ..., P_n. Für jedes Teilprojekt P_i ist eine Menge von anderen Teilprojekten gegeben, die vor Beginn von P_i bearbeitet sein müssen. So muss zum Beispiel beim Bau eines Hauses sicher das Fundament fertig sein, bevor das Dach gedeckt werden kann. Wir fassen die Projekte P_i ($i = 1$, ..., n) als Knoten eines gerichteten Graphen auf. Zwei Knoten P_i und P_j werden genau dann durch einen Bogen verbunden, wenn P_i vor P_j bearbeitet werden muss. Warum sollte der so entstehende gerichtete Graph azyklisch sein?

Lösungen

1.1 $\binom{n-2}{k-1}(k-1)!$

1.2 Ein Beispiel:

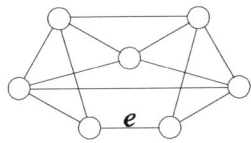

1.3 In Bild 1.13 fehlt nur noch der folgende Baum:

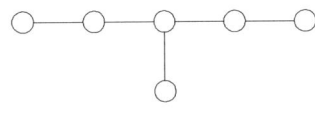

1.4 Eine Kantenfolge zwischen zwei Knoten kann im Gegensatz zu einem Weg einen Knoten v mehrfach durchlaufen. Entfernt man alle Teilfolgen der Folge, die von v nach v führen, für jeden Knoten v, der mehrfach durchlaufen wird, so verbleibt ein Weg.

1.5 Der dargestellte Graph besitzt die gegebene Gradfolge.

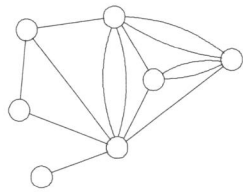

Einen schlichten Graphen mit dieser Gradfolge gibt es nicht.

1.6 Nein.

1.7 $C3 \times P4$

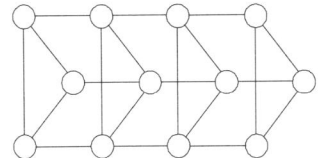

$P2 \times P3 \times P4$

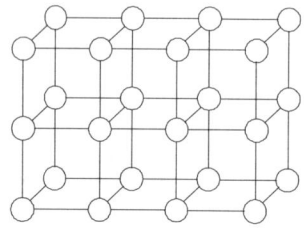

1.8 Knotenzahl: $n_1 n_2$, Kantenzahl: $n_1 m_2 + n_2 m_1$

1.9 $n - 2$

1.10

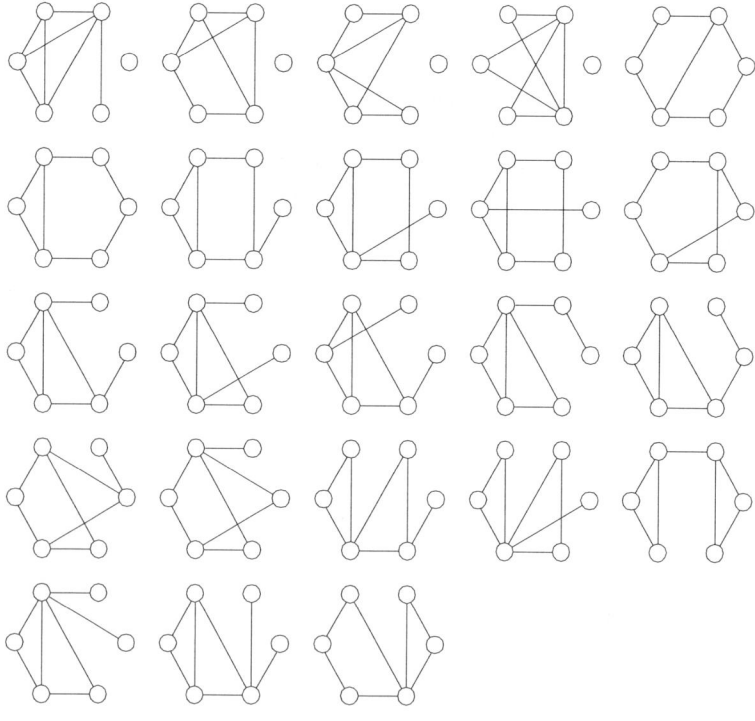

1.11 Wir können von den $\binom{n}{2}$ Knotenpaaren genau m auswählen, die wir durch eine Kante verbinden. Damit erhalten wir

$$\binom{\binom{n}{2}}{m}$$

verschiedene Graphen.

1.12 Das folgende Bild zeigt die Lösung.

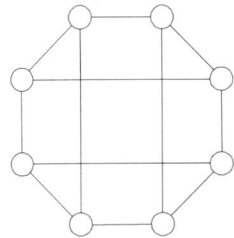

2.1 $a_{ii}^{(2)} = \deg i$, $a_{ii}^{(3)} =$ Anzahl der Dreiecke, die Knoten i enthalten

2.2 $a_{ij}(H) \leq a_{ij}(G)$ für alle Knoten $i, j \in V$

2.3 Bei geeigneter Nummerierung der Knoten erhält die Adjazenzmatrix eines bipartiten Graphen die folgende Blockstruktur:

$$A = \begin{pmatrix} \mathbf{0} & M \\ M^T & \mathbf{0} \end{pmatrix}$$

Hierbei steht $\mathbf{0}$ für eine Nullmatrix.

2.4 $d(Q_n) = n - 1$, $d(K_{m,n}) = 2$

2.5 Der Rand besteht aus genau zwei Knoten vom Grade 1, das Zentrum umfasst einen Knoten, falls n ungerade ist und sonst zwei Knoten.

2.6

$$M = \begin{pmatrix} 0 & 1 & 1 & 1 & 2 & 1 \\ 1 & 0 & 1 & 2 & 3 & 2 \\ 1 & 1 & 0 & 2 & 3 & 2 \\ 1 & 2 & 2 & 0 & 3 & 2 \\ 2 & 3 & 3 & 3 & 0 & 1 \\ 1 & 2 & 2 & 2 & 1 & 0 \end{pmatrix}$$

2.7 $k \cdot l$

2.8 n^{n-2}

2.9 ja

2.10 Die Anzahl der Gerüste beträgt für die vier Graphen 3, 8, 21, 55. Das ist die Folge der Fibonacci-Zahlen F_{2n}, wobei F_n wie folgt definiert ist:

$$F_1 = 1$$
$$F_2 = 1$$
$$F_n = F_{n-1} + F_{n-2} \text{ für } n \geq 3$$

3.1 Ja.

3.2 Nein, der duale Graph hätte ausschließlich Knoten vom Grade 6.

3.3 $2n - 4$

3.4 Nein, durch Kontraktion der fünf nach innen zeigenden Kanten erhalten wir den K_5 als Minor.

3.5 Jede Fläche wird von mindestens drei Kanten berandet, jede Kante berandet gleichzeitig genau zwei Flächen. Damit folgt $3f \leq 2m$. Die anderen Ungleichungen erhält man durch Einsetzen dieser Ungleichung in die Polyederformel.

3.6 Es sei f_5 die Anzahl der Fünfecke und f_6 die Anzahl der Sechsecke. Dann folgt

$$f_5 + f_6 = 2m \text{ und } 2m = 3n.$$

Eingesetzt in die Eulersche Polyederformel liefert dies $f_5 = 12$.

3.7 Durch Entfernen der gestrichelten Kanten und Kontrahieren der fett dargestellten Kanten erhalten wir den $K_{3,3}$ als Minor.

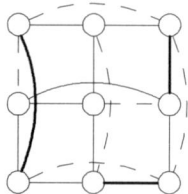

3.8 Nein, da $2f \leq m$ und somit (mit $m + 2 = n + f$) auch $m + 4 \leq 2n$ gelten müsste. Es gilt jedoch $11 + 4 > 2 \cdot 7$.

3.9 Die Polyederformel gilt hier nicht, da der dargestellte Körper nicht konvex ist.

3.10 Das Bild zeigt die Lösung.

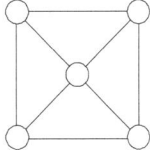

4.1 $\alpha(Q_n) = 2^{n-1}$

4.2 36

4.3 2

4.4 Die maximale unabhängige Knotenmenge ist im folgenden Bild schwarz dargestellt.

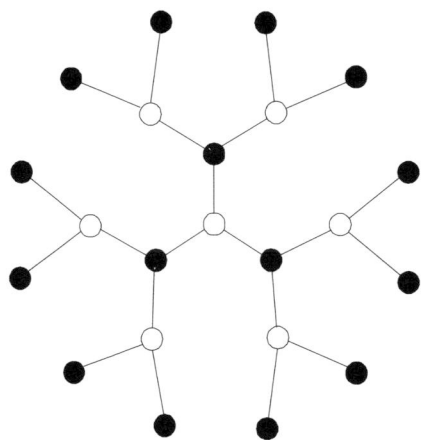

4.5 $n - k + 1$

4.6 Wenn m oder n gerade ist.

4.7 $n \binom{n-1}{2} = \frac{1}{2}n^3 - \frac{3}{2}n^2 + n$

4.8 Die Bilder zeigen jeweils die Lösung.

(a)

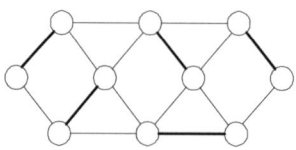

(b)

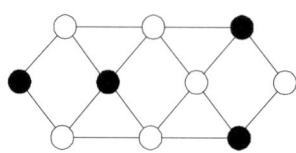

(c)

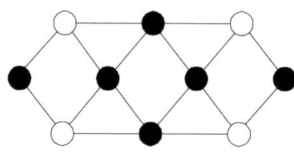

(d)

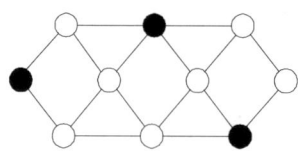

4.9 Eine mögliche Lösung ist der folgende Graph.

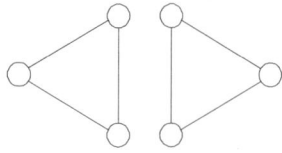

Es gibt auch zusammenhängende Graphen, die diese Aufgabe lösen.

5.1 4

5.2 $\chi(G) = \max\{p,\ r\}$, $P(G,x) = \dfrac{1}{x}x^{\underline{p}}x^{\underline{r}}$

5.3 $7 \le n \le 12$

5.4 Da $0,\ 1,\ \ldots,\ k-1$ Nullstellen des chromatischen Polynoms sein müssen, lässt sich dieses in der Form

$$P(G,x) = x\,(x-1)\,(x-2)\cdots(x-(k-1))\,R(x)$$

mit einem geeignet gewählten Polynom $R(x)$ mit ganzzahligen Koeffizienten darstellen. Da G zusammenhängend ist, muss a_1 das Absolutglied des Polynoms

$$\tilde{P}(G,x) = \frac{1}{x}P(G,x)$$

sein. Folglich gilt

$$\begin{aligned}
a_1 &= \tilde{P}(G,0) \\
&= (-1)\,(-2)\cdots(-(k-1))\,R(0) \\
&= (-1)^{k-1}\,(k-1)!R(0).
\end{aligned}$$

5.5 $P(G,x) = x\,(x-1)\,(x-2)^2\,(x-3)^2$

5.6 Nein, denn dieser Graph müsste vier Knoten besitzen und die chromatische Zahl 1 haben, da 1 keine Nullstelle des gegebenen Polynoms ist. Der einzige Graph mit vier Knoten, der eine zulässige Färbung mit nur einer Farbe besitzt, ist jedoch der kantenleere Graph $\overline{K_4}$. Für diesen gilt aber $P(\overline{K_4}, x) = x^4$.

5.7 Nein, denn die Partition $\{\{1\}, \{2\}, \{3\}, \{4\}\}$, die aus vier Einerblöcken besteht, ist für jeden Graphen mit dieser Knotenmenge unabhängig.

5.8 Wir modellieren die Aufgabe mit einem Graphen G, dessen Knoten die Aufträge sind. Zwei Knoten werden genau dann mit einer Kante verbunden, wenn die beiden Aufträge eine Maschine gemeinsam erfordern.

Damit erhalten wir das folgende Bild:

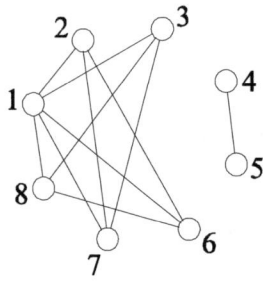

Dieser Graph besitzt die chromatische Zahl 4, das heißt auch, jede unabhängige Partition des Graphen G hat mindestens vier Blöcke. Aufträge können genau dann gleichzeitig ausgeführt werden, wenn sie eine unabhängige Menge in G bilden. Die geringste Gesamtzeit wird benötigt, wenn die Knotenmenge von G in eine minimale Anzahl unabhängiger Mengen zerlegt wird. Folglich liefert die chromatische Zahl die Antwort: vier Stunden.

5.9 $\chi(G) + \chi(H)$

5.10 Das Bild zeigt eine Lösungsmöglichkeit.

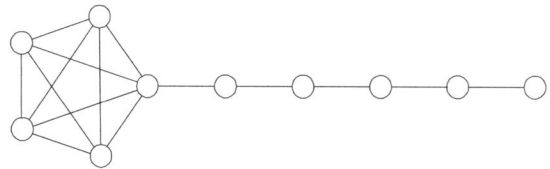

6.1 $\kappa(G - e) + 1 \geq \kappa(G) \geq \kappa(G - e)$

6.2 $\kappa(C_4 \times C_4) = 4$

6.3 Das Bild zeigt einen solchen 3-Baum.

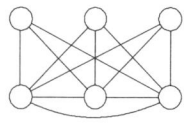

Durch Entfernen der drei unteren Kanten erhält man den $K_{3,3}$ als Minor. Nach dem Satz von Kuratowski ist der Graph nichtplanar.

6.4

$$\frac{1}{x^2}\left(x^{\underline{5}}\right)^2 = x^8 - 19x^7 + 151x^6 - 649x^5 + 1624x^4 - 2356x^3 + 1824x^2 - 576x$$

6.5 Das Bild zeigt die Folge der Ersetzungen.

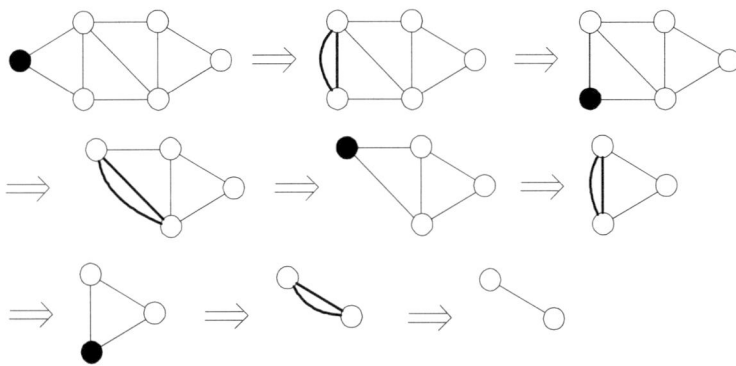

6.6 7

6.7 4

6.8 Es sei $X \subset V$ eine nichtleere Teilmenge der Knotenmenge von G und $F_G = (X, \bar{X})$ der durch X definierte Schnitt von G. Die Menge X definiert aber auch einen Schnitt F_T von T. Da T ein Gerüst von G (also zusammenhängend) ist, kann F_T nicht leer sein. Da die Kantenmenge von T eine Teilmenge der Kantenmenge von G ist, folgt auch $F_T \subseteq F_G$.

7.1 6

7.2 7

7.3 7555222

7.4 Es gibt diese fünf Bäume:

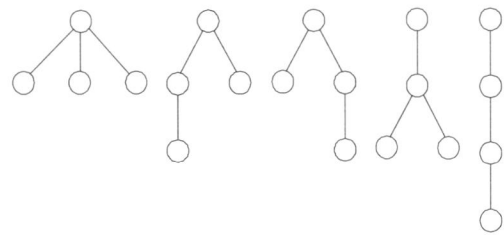

7.5 Das Bild zeigt alle 14 binären Bäume mit vier Knoten.

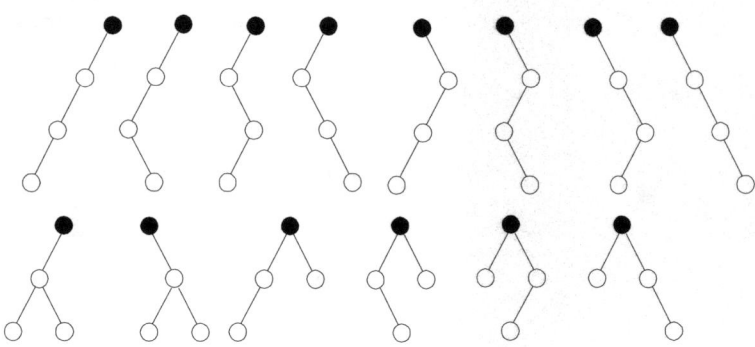

7.6 $\dfrac{n!}{2}$

7.7 Wenn T ein Weg gerader Länge ist, so ist die Behauptung erfüllt. Andernfalls hat T wenigstens drei Blätter u, v, w. Angenommen, die Abstände $d(u, v)$ und $d(u, w)$ sind ungerade. Wenn wir alle Knoten aus T entfernen, die nicht auf einem Weg zwischen den drei Blättern liegen, so verbleibt ein Baum, der wie folgt aussieht:

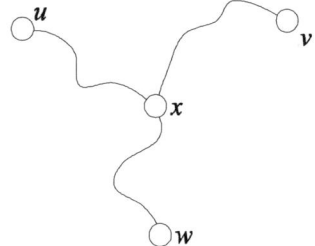

Dieser Baum besitzt genau einen Knoten x vom Grade 3, drei Blätter und sonst nur (die hier nicht dargestellten) Knoten vom Grade 2. Die Abstände $d(x, v)$ und $d(x, w)$ sind dann beide gerade oder beide ungerade. Folglich ist

$$d(v, w) = d(v, x) + d(x, w)$$

eine gerade Zahl.

7.8 Die möglichen Verteilungen des Wassers bilden jeweils einen Knoten des Baumes, der im Folgenden durch die Wasserstände in den drei Flaschen in der Reihenfolge 12|8|5| gekennzeichnet ist. Als Söhne eines Knotens werden nur solche Verteilungen eingeführt, die nicht bereits vorher erreicht wurden. Das Bild zeigt, dass die Lösung mit sieben Umfüllungen zu erreichen ist.

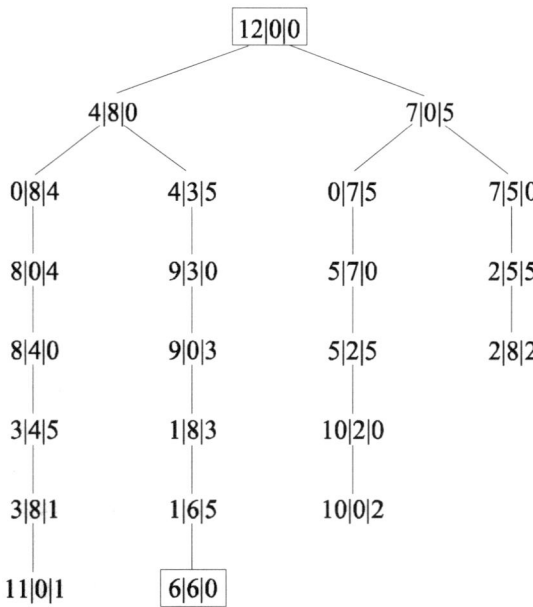

7.9 $2^{h+1} - 1$

8.1 $n + \left\lfloor \dfrac{n-3}{2} \right\rfloor$

8.2 $\dfrac{(n-1)!}{2}$

8.3 nein

8.4 9

8.5 Das Durchlaufen der Knoten in der Reihenfolge

$$1, 5, 7, 8, 3, 2, 7, 4, 2, 8, 6, 5, 4, 1$$

ergibt eine Eulersche Tour.

8.6 Der Graph enthält 11 Kreise, davon 5 Hamiltonkreise.

9.1 2 Komponenten, 9 starke Komponenten

9.2 Das folgende Bild zeigt eine Lösungsmöglichkeit.

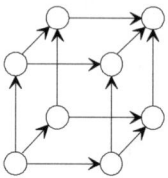

9.3 Lösungsmöglichkeit:

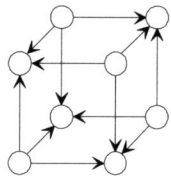

9.4 Ein solcher Graph ist ein Baum. Er besitzt folglich $n - 1$ elementare Kozyklen, die aus jeweils einem Bogen bestehen.

9.5 Weil genau einer der beiden Bögen (u, v) oder (v, u) in G liegt und damit entweder $d(u, v) = 1$ oder $d(v, u) = 1$ gilt.

9.6 Andernfalls wäre das Projekt nicht ausführbar, denn ein gerichteter Kreis entspricht einer Menge von Teilprojekten, die sich gegenseitig als bereits bearbeitet voraussetzen.

Literaturverzeichnis

[1] Aigner, M.: *Graphentheorie: Eine Entwicklung aus dem 4-Farben Problem*, B.G. Teubner, Stuttgart, 1984.

[2] Armstrong, M.A.: *Basic Topology*. Springer-Verlag, New York, 1983.

[3] Bang-Jensen, J. and Gutin, G.: *Digraphs: Theory, algorithms and applications*. Springer-Verlag, London, 2001.

[4] Berge, C.: *The Theory of Graphs*. Dover Publications, 2001.

[5] Berge, C. und Ghouila-Houri, A.: *Programme, Spiele, Transportnetze*, BSB B.G. Teubner, Leipzig, 1969.

[6] Biggs, N.: *Algebraic graph theory*. Cambridge University Press, Cambridge, 1974.

[7] Bollobás, B.: *Modern graph theory*. Springer-Verlag, New York, 1998.

[8] Boltjanskij, V.G. und Efremovic, V.A.: *Anschauliche kombinatorische Topologie*, VEB Deutscher Verlag der Wissenschaften, Berlin, 1986.

[9] Brandstädt, A.: *Graphen und Algorithmen*. B.G. Teubner, Stuttgart, 1994.

[10] Cvetković, D.M.; Doob, M.; Sachs, H.: *Spectra of Graphs*. Johann Ambrosius Barth Verlag, Heidelberg, Leipzig, 1995.

[11] Diestel, R.: *Graphentheorie*. Springer-Verlag, Berlin, 2000.

[12] Gondran, M. and Minoux, M.: *Graphs and Algorithms*. John Wiley and Sons, Chichester,1984.

[13] Harary, F.: *Graphentheorie*. R. Oldenbourg Verlag, München, 1974.

[14] Harary, F. and Palmer, E.M.: *Graphical enumeration*, Academic Press, New York, 1973.

[15] Knuth, D.E.: *The Art of Computer Programming, Vol. I: Fundamental Algorithms*, Addison-Wesley, Reading, 1997.

[16] Knuth, D.E.: *The Art of Computer Programming, Vol. III: Sorting and Searching*, Addison-Wesley, Reading, 1998.

[17] Lawler, E.: *Combinatorial optimization*. Dover Publications, Mineola, 2001.

[18] Nägler, G.; Stopp, F.: *Graphen und Anwendungen.* B.G. Teubner Verlagsgesellschaft, Stuttgart, 1996.

[19] Nishizeki, T.; Chiba, N.: *Planar Graphs: Theory and Applications.* North-Holland,Amsterdam, 1988.

[20] Papadimitriou, C.H. and Steiglitz, K.: *Combinatorial optimization: Algorithms and complexity.* Dover Publications, 1998.

[21] Saati, T.L. and Kainen, P.C.: *The Four-Color Problem: Assaults and Conquest.* Dover Publications, New York, 1986.

[22] Sachs, H.: *Einführung in die Theorie der endlichen Graphen, Teil 1.* BSB B.G. Teubner Verlagsgesellschaft, Leipzig, 1970.

[23] Sachs, H.: *Einführung in die Theorie der endlichen Graphen, Teil 2.* BSB B.G. Teubner Verlagsgesellschaft, Leipzig, 1972.

[24] Tittmann, P.: *Einführung in die Kombinatorik.* Spektrum Akademischer Verlag, Heidelberg, 2000.

[25] Tutte, W.T.: *Graph theory.* Cambridge University Press, Cambridge, 2001.

[26] Volkmann, L.: *Fundamente der Graphentheorie.* Springer Verlag, Wien, 1996.

Symbolverzeichnis

Die Zahl am Ende der Zeile gibt jeweils die Seite an, auf der das Symbol erstmals vorkommt.

Sachwortverzeichnis

planarer Graph, 44
Platonische Körper, 54
Polya, George, 109
Polyeder, 46
   konvexes, 46
   reguläres, 53
Polynom
   chromatisches, 79
Produkt
   von Graphen, 19
Prüfer, Heinz, 107

Quelle, 130

r-Faktorisierung, 69
Radius, 34
Randknoten, 34
regulärer Graph, 24
reguläres Polyeder, 53
Rückkehrbogen, 141
Rückwärtsbogen, 142
Rundreiseproblem, 116

schlichter gerichteter Graph, 127
schlichter Graph, 13
Schlinge, 13, 127
Schnitt, 93, 94
Schnittmenge
   minimale, 94
Sechsfarbensatz, 77
selbstdualer Graph, 56
Senke, 130
Serien-Parallel-Graph, 103
Serienersetzung, 102
Sohn, 109
sp-Graph, 103
st-Schnitt, 141
st-trennend, 92
st-Weg, 92
stark zusammenhängend, 128
starke Komponente, 128
stereographische Projektion, 44

Stern, 23
symmetrische Differenz, 118

Taille, 117
thickness, 46
Torus, 104
transitiv, 127
trennende Knotenmenge, 90
   minmale, 90
Triangulation, 52
Turnier, 137
   isomorphes, 137
Tutte-Polynom, 85

Überdeckungszahl, 62
Umfang, 117
unabhängige Kantenmenge, 64
unabhängige Knotenmenge, 59
   maximale, 59
unabhängige Partition, 84
Unabhängigkeitszahl, 59
ungerichteter Graph, 12
Untergraph, 15
   induzierter, 15
Untergraph
   aufspannnender, 15
unterliegender Graph, 127

Vater, 109
Verbesserungsweg, 143
Vereinigung
   disjunkte, 19
   von Graphen, 18
Verschmelzen, 16
vollständiger Graph, 20
Vorgänger, 109
Vorwärtsbogen, 142

Weg, 15, 21, 127
   alternierender, 65
   erweiternder, 65
Wert eines Flusses, 141